초등

맞춤형

학습

코칭

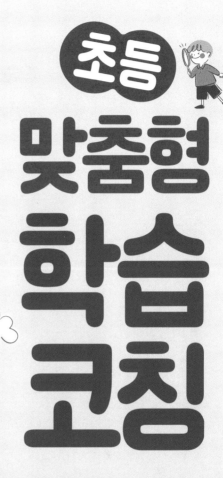

교사
부모
아이가
함께하는

슬기로운
초등생활

초등 맞춤형 학습 코칭

정광봉, 박호규, 차 현, 최문희 지음

BM (주)도서출판 성안당

우리 아이만의 맞춤형 학습코칭 프로그램을 가정으로

교육은 어렵습니다. 여태껏 현장에 있지만 답을 모르겠습니다. 그래도 할 수 있는 것을 합니다. 교육과정을 분석하고 우리 반 학생들에게 맞게 연구하며 실천해보고 반성합니다. 더 나은 배움은 없는지 고민하고 또 고민합니다.

현장의 가장 큰 고민은 수준이 다르다는 겁니다. 아름다운 우리 반 학생 서른 명이 있으면 필요한 교과서 수준이 모두 다릅니다. 정서 수준도 다릅니다. 누구는 아직 애착이 필요하고, 누구는 훈육이 필요하며, 또 누구는 자유롭기를 원합니다.

결국 교사는 하나의 인지 수준을 선택해서 가르칩니다. 기대수준이 평균일 수도 있고, 조금 높을 수도 있습니다. 정서는 그때그때 대응의 영역입니다. 갈등이 생겼을 때, 그 문제 상황을 기회 삼아 모두가 평온하게 살 수 있도록 교육합니다.

오직 한 아이만을 위해 연구하고 분석하며 도와줄 수 있다면 얼마나 좋을까 생각해봅니다. 그게 이 책의 시작입니다. 우리 아이만의 맞춤형 학습코칭, 내 아이만의 맞춤형 학습코칭이 필요합니다. 이해하고 실천하기 쉬우면서도 효과적인 책이면 좋겠습니다.

저희가 고민을 담아 쓴 이 책이, 시간이 지나면 옛 지식이 될 수도 있습니다. 하지만 언제 만나게 되어도 도움이 되는 책을 쓰고 싶습니다. 세월이 흘러도 변하지 않는 가치, 본질과 핵심은 분명히 있기 때문입니다.

교육에 있어 변하지 않는 가치는 사랑입니다. 사랑에서 따뜻함이, 배려와 존중이, 더 나은 삶을 살기를 바라는 모든 마음이 나옵니다. 수천 년 전에도, 수천 년 후에도 바뀌지 않을 겁니다. 사랑하는 마음에서 교육은 시작됩니다.

단, 사랑이 있다고 해서 모든 문제가 풀리지는 않습니다. 그 마음을 최대한 오롯이 담아 아이가 먹기 좋게 전달할 수 있는 그릇이 필요합니다. 아이를 개별적으로 학습코칭 할 수 있는 틀, 시스템이 필요합니다. 처음 접한 사람이라 해도 잘 따라 하면 누구나 제대로 지도할 수 있게 도와주는 매뉴얼이 필요합니다.

저희의 조언이 전부가 아닐 수도 있습니다. 그러나 뼈대만큼은 확실히 잡을 수 있게 도와드리겠습니다. 오늘부터라도 저희와 함께 시작해보시길 바랍니다. 누구보다 소중하고 누구보다 행복하게 살았으면 하는 우리 아이를 위해서 말입니다.

천천히 책을 넘겨봅니다. 1장에는 우리 아이가 바라보고 있는 눈높이가 있습니다. 그 눈높이에 맞게 무릎을 낮춘 뒤 지긋이 바라봐줍니다. 2장에서는 학습코칭을 할 수 있는 환경, 공부방을 만들어 볼 수 있습니다.

3장부터는 본격적으로 우리 아이만의 공부 방법, 학습 전략에는 어떤 것이 있는지 찾습니다. 이보다 더 중요하지만 눈에 보이지 않아 놓치기 쉬운 공부 정서도 4장에서 찬찬히 살필 수 있습니다.

5장에서는 아이가 스스로 할 수 있게 도와주는 자기주도학습을 소개합니다. 아이가 할 수 있는 것을 서서히 늘려갑니다. 처음에는 안내를 받으며 시작한 자기주도학습이었지만, 마침내 온전한 자기주도학습이 될 수 있도록 도와주실 수 있습니다.

6장에서는 우리 아이와 함께 공부할 학습 인맥을 찾아 연결해 줍니다. 외롭지 않게 인생을 살아가는 법, 더불어 사는 법도 배울 수 있습니다. 빨리 가려면 혼자가 좋지만, 멀리 가려면 함께 가야 합니다. 함께하는 관계 그 자체가 아이에게도 소중합니다.

7장은 초등교사인 저희가 교과마다 챙기면 좋은 조언을 담았습니다. 해당 교과를 가르치기 전에 꼭 한번 살펴보시길 바랍니다. 단 한 꼭지의 글이라도 도움이 되고, 의미가 있는 책이었으면 합니다.

그저 많이 팔리는 책을 쓰고 싶지는 않습니다. 다만 이 책이 나오기 전보다 아이들이 한 뼘이라도 더 행복해질 수 있는 그런 세상을 만들고 싶습니다. 저희를 유명하게 해 주는 책이 아니라 우리 아이를 유명한 사람으로 키워 줄 수 있는 그런 책이었으면 합니다.

지식은 아는 것에만 그치면 안 된다고 배웠습니다. 저희가 빚어낸 30개의 비결 중 단 하나의 워크북이라도 실천해보세요. 언젠가 저희 메일함이 따뜻하고 사랑이 빛나는 여러분의 실천 후기로 가득 찬다면 흐뭇하겠습니다.

다시 처음으로 돌아가서, 교육은 정말 어렵습니다. 그래도 우리 아이, 사랑해주세요. 우리가 쏟은 시간과 관심, 정성과 주의력이 조금도 아깝지 않을 만큼 충분히 가치 있는 일입니다. 저희도 저희 자리에서 할 수 있는 일을 하면서 늘 노력을 아끼지 않겠습니다.

함께 걸어주세요. 가장 가까운 선생님과 이 책으로 이야기를 나누신다면 더 바랄 게 없습니다. 부모님이 찾는 가장 훌륭한 교육 전문가, 결코 멀리 있지 않습니다. 저희와 그리고 모든 선생님과 함께해주세요. 우리 아이는 우리 모두의 소중한 아이입니다.

그럼 지금부터 우리 아이를 위한 초등 맞춤형 학습코칭, 함께 시작하겠습니다.

차
례

1장

우리 아이
학습코칭,
눈높이
맞추기부터

그 어떤 방법 이전에 사랑이 중요합니다.

지금은 부족해도 나중에 더 성장하고,
잘할 거라 기대하는 게 자식입니다.

지금 보이는 부족한 모습에 실망하지 마세요.

공부를 잘하는 것만이
인생의 전부는 아닙니다.

많이 사랑하고 믿어주세요.

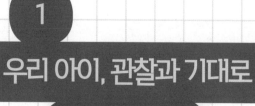

1

우리 아이, 관찰과 기대로

바라보기

그 어떤 방법 이전에 사랑이 중요합니다.

지금 보이는 부족한 모습에 실망하지 마세요.

많이 사랑하고 믿어주세요.

**Q 우연히 이 책을 만났어요.
여기서 단 한 가지만 기억한다면 어떤 게 좋을까요?**

A 그 어떤 방법 이전에 사랑이 중요합니다. 지금 부족한 모습이 있어도
나중에는 더 성장하고, 잘할 거라 기대하는 게 자식입니다. 지금 작
은 모습에 속지 마세요. 공부를 조금 못해도 인생의 전부는 아닙니다.
우리 아이 진심으로 많이 사랑하고 믿어주세요.

"그게 아니라고!"

가족끼리 무언가를 가르치기는 어렵습니다. 운전을 가르치는 것도, 공부를 가르치는 것도 어렵죠. 안 된다는 걸 알면서도 어느 순간 화를 내거나 욱하는 모습이 보입니다. 저뿐만 아니라 모두가 그런 걸 보니, 어느 정도는 자연스러운 일인 듯합니다.

그래서 학습코칭의 시작은 '안경 제대로 쓰기'입니다. 사람에게는 두 가지 안경이 있습니다. 하나는 평가와 판단의 안경이며, 다른 하나는 관찰 안경입니다. 이 두 가지 안경은 심리적으로나 물리적으로나 결과가 정말 다릅니다.

우리 아이가 초등학생이라고 생각해봅시다. 사실 공부의 필요성도 모를 겁니다. 아직은 꿈이 있어서 간절함으로 공부를 하는 것도 아니고, 수능이라는 큰 산도 아득히 멀게만 느껴집니다. 공부를 열심히 하고 있다면 그건 아마도 부모님이나 선생님을 좋아해서일 겁니다.

그런데 그 좋아하고 존경하는 부모님이 공부시간만 되면 자신을 판단하고 평가하려 듭니다. 판단과 평가에는 긍정적인 요소도 있지만 부정적인 피드백이 따르기 마련입니다.

상상이 되시나요? 아이는 서서히 공부시간을 피하거나, 공부시간이 싫다며 맞서게 될 겁니다.

그래서 우리는 그저 관찰해야 합니다. 물론 잘못된 행동을 보고도 그냥 넘어가라는 말은 아닙니다. 책장을 천천히 넘기다 보면 판단과 평가를 내려놓고도 아이가 받아들이기 쉽게 행동을 교정할 수 있는 방법을 깨닫게 되실 겁니다.

관찰 안경을 쓰고 가장 먼저 찾아야 할 것은 재미입니다. 우선 사랑하는 부모님과 보내는 그 시간이 아이 입장에서 재미있어야 합니다. 이때의 재미는 신기한 활동에서 오는 색다른 감각일 수도 있고, 무언가 뿌듯하고 대단한 것을 해냈다는 성취감일 수도 있습니다.

재미있는 시간을 보낼 때 아이의 모습을 바라봐주세요. 우리는 세 가지를 찾을 수 있습니다. 먼저 행동입니다. 어떤 행동을 하는지 봅니다. 두 번째는 감정입니다. 몸을 흔드는 행동에는 '신난다'는 감정이 담겨 있을 수 있습니다. 세 번째는 욕구입니다. '왜?'를 붙이면 쉽습니다. '왜 신나?' 부모님과 이 시간을 재미있게 보내고 싶다는 욕구가 숨어 있습니다.

아이가 머무는 곳을 있는 그대로 충분히 바라봐주세요. 지금 그 자리는 잘하고 못하고를 평가받는 자리가 아닙니다. 그게 아이 인생의 전부도, 한계도 아닙니다. 아직 펼치지 못한 책이 많고, 드러나지 않은 이유들이 많습니다. 아이가 태어난 이유, 삶의 목적은 절대 단시일 내에 드러나지 않습니다. 기대와 사랑을 품고서 충분히 기다려주세요.

이 책을 펼쳐주셔서 감사하다는 말씀을 드리고 싶습니다. 천천히 책을 읽어나가면 하나하나 필요한 살을 채우실 수 있을 겁니다. 더 전문적으로 진단하는 방법, 더 실질적으로 학습을 도와줄 방법, 아이에게 꼭 필요한 무언가를 발견할 방법들을 터득하실 수 있을 겁니다.

그 어떤 방법 이전에, 사랑이 중요합니다. 따뜻한 관찰과 기대의 눈빛을 놓치지 마세요. 모든 학습코칭이 부모님과 아이의 특별한 데이트처럼 진행된다면 좋겠습니다. 돈으로도 바꿀 수 없는 소중하고 행복한 추억이 된다면 정말 기쁘겠습니다.

평가 안경과 관찰 안경

끊임없이 성찰하게 되는 게 있습니다. 학생을 만날 때 제 기분입니다. 기분이 좋은 날은 관찰 안경을 자주 씁니다. 아이들 그대로를 바라보고, 도와줄 수 있는 게 없을까 살피며 돕습니다.

피곤하고 힘든 날에는 평가 안경을 쓰게 됩니다. 더 예민하게 학생을 봅니다. 지금 저 행동을 당장 고치지 않으면 미래에 다른 사람들에게 피해를 줄 것 같다는 생각이 듭니다. 이미 제 머릿속에는 그 아이가 다른 사람에게 피해를 주는 모습이 그려집니다. 행동 교정을 강하게 요구할 수밖에 없습니다.

아이들은 자신이 누군지 느끼며 살아갑니다. 자신이라는 존재에 대해 가장 확실하게 확인해 줄 수 있는 사람은 부모, 친구, 선생님입니다. 아이들이 스스로 사랑스러운 존재이고, 무언가 할 수 있는 존재라고 느낀다면, 그건 그렇게 바라봐주는 어른과 친구가 있기 때문입니다.

학습코칭을 집에서 시작하기 전에 부모님부터 자신의 마음이 여유로운지, 신체는 건강한지 챙기시기를 바랍니다. 사랑 안경을 꼭 확인해주세요. 모든 아이는 귀하고 사랑받아 마땅한 존재입니다. 학생들을 만날 때마다 그런 생각이 듭니다.

관찰 안경으로 아이의 행동, 감정, 욕구 관찰하기

이 그림에서 함께 아이를 들여다보며 행동과 감정, 욕구를 관찰해 봅시다.

1 '아이가 벽에 그림을 칠했다.'가 읽히면 행동을 관찰한 것입니다.

행동을 보고 바로 화를 내고 혼을 내는 것은 누구나 선택할 수 있습니다.

2 아이의 표정에서 '신난다, 즐겁다'가 보이면 감정을 읽은 것입니다.

신나고 즐거워하는 아이의 감정을 읽고 공감해주는 것은 안정적인 애착 형성을 위해 바람직한 선택입니다.

3 욕구는 한 번 더 생각해보면 좋습니다. '왜?'를 붙이면 쉽습니다. 왜 신나고 왜 즐거워 보이는지 의도와 욕구를 살핍니다. '자유롭고 싶다', '마음껏 표현하고 싶다'는 욕구가 읽힙니다.

아이에게 자유로워질 수 있는 방법, 마음껏 표현할 수 있는 방법을 다른 행동으로 알려주는 것은 정말이지 고수의 선택입니다.

우리는 아이의 모습을 어디까지 관찰하고, 어디까지 선택해야 할까요?
더 많이 들여다보고, 더 나은 선택을 하기 위해 늘 배우고 공부합니다. 저를 스쳐 가는 학생들이 '삶이라는 선물'을 조금이라도 더 누리며 살길 바랍니다.

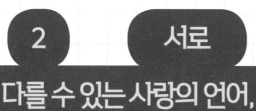

2 서로 다를 수 있는 사랑의 언어, 천천히 맞춰보기

무엇이든 라포 형성이 1번입니다.
아이를 들여다보며,
우리 아이만의 사랑의 언어를 맞춰보세요.

Q 이미 서로 알고 있는 가족인데 굳이 라포* 형성이 필요할까요?

A 학습코칭을 시작하기 전에 서로 마음을 맞추는 과정이 중요합니다. 친한 사이일수록 서로에 대한 기대, '말하지 않아도 알아주겠지.' 하는 마음 때문에 더 상처를 줄 수도 있습니다. 특히 학습을 지도하기 전에는 같은 마음으로 사랑의 언어를 맞추는 게 중요합니다.

키워드 사전 _____

라포 의사소통에서 두 사람 사이에 형성되는 친밀감, 공감적인 인간관계, 신뢰 관계를 가리키는 심리학 용어. 프랑스어의 '가져오다', '참조하다'에서 나온 말로, 라포르, 래포, 라뽀라고도 합니다. 서로 마음이 통하거나 어떤 일이라도 터놓고 말할 수 있으며, 말하는 바를 감정적으로나 이성적으로 충분히 이해하는 상호 관계를 말합니다.

"Je vous aime."

"我爱你."

사랑한다는 말입니다. 세상에서 가장 따뜻한 말, 아이들에게 매일 해주는 말, 행복의 근원이 되는 말, 사랑입니다. 모르는 언어로 사랑한다고 이야기하면 상대방이 알 수 있을까요? 당연히 못 알아듣습니다. 언어가 다르기 때문입니다.

우리 집만 봐도 알 수 있습니다. 아이가 셋인데, 셋 모두 사랑의 언어*가 다릅니다. 똑같은 일을 하더라도 아이들은 제각기 다르게 받아들이고, 가장 좋아하는 사랑의 표현도 다릅니다.

맏이는 함께하고 같이 있어주는 것을 좋아합니다. 저는 일을 하고, 아이는 숙제를 하더라도 같은 공간에서 하기를 좋아하지요. 그래서 혼자 숙제를 하다 보면 늘 제게 말을 겁니다.

"엄마, 이거 모르겠어요.", "엄마, ○○○ 없어요.", "엄마, 물 갖다주세요."

둘째는 물건에 대한 애착이 강합니다. 그래서 다른 사람이 뭔가를 주면 좋아하죠. 자신이 보여주는 사랑의 표현도 똑같습니다. 제 생일 선물은 몇 달 전부터 준비해 놓습니다. '엄마 생일 선물'이라는 상자를 만들고, 값이 저렴한 목걸이를 사서 넣어 둡니다. 지내다가 좋아 보이는 물건을 상자에 차곡차곡 넣어 몇 달에 걸쳐 생일 선물을 완성합니다.

끼가 많은 막내는 저와 성향이 완전히 다릅니다. 만 5세, 13킬로그램의 작은 몸에 드레스와 치마를 8개씩 껴입습니다. 오로지 예쁘다는 이유로 그

※ 『5가지 사랑의 언어』 (게리 채프먼, 생명의말씀사, 2010)

렇게 합니다. 가끔씩 화딱지가 나지만 예쁘다고 해줍니다.

언니, 오빠를 칭찬하고 있으면 저 멀리서 뛰어와서 "나는? 나는?" 하고 묻습니다. 자다가도 "사랑해!"라고 말하면 고개를 끄덕끄덕합니다. 돈보다도 사랑입니다. 할아버지께 받은 용돈도 오빠가 달라고 하면 바로 줍니다.

라포는 상대방과 서로 친밀해져서 신뢰 관계를 쌓는 것이라고 흔히들 알고 있습니다. 이런 신뢰 관계는 사람들마다 다른 사랑의 언어를 서로 맞추어가는 과정이 필요합니다.

특히 부모와 자녀의 관계라면 더 신경 써서 조율해야 합니다. 서로에게 바라는 것도, 기대하는 것도 많은 만큼 잔소리도 늘어나기 때문입니다. 남과 남이 만나서 이루는 신뢰 관계보다 더 깊은 관계 형성, 친밀감 형성이 필요합니다.

학습종합클리닉센터에서도 학습코칭을 나갈 때 처음 3회기는 라포를 형성하는 시간으로 생각합니다. 학생의 눈높이에서 사랑의 언어를 살펴보고, 대화 준비, 학습코칭의 방향을 설정합니다.

100번 강조해도 모자랄 만큼 중요한 작업입니다. 제대로 된 학습코칭에 앞서 사랑의 언어부터 맞춰보세요. 양쪽 모두 같은 마음으로 시작하는 학습코칭이 되길 바랍니다. 사랑을 제대로 표현하기, 오늘부터 시작입니다.

"엄마 역할이 너무 힘들어요."

솔직히 저도 그렇습니다. 저는 자녀가 셋입니다. 열 길 물속은 알아도 한 길 사람 속은 모른다는 말도 있듯이, 세 아이에게 어떻게 맞춰주어야 할지 모르겠습니다.

해마다 새로 태어나는 기분이 든다면 이해가 가실까요? 아이가 태어나면 저도 한 살이 된 것 같습니다. 아이가 두 살이 되면, 두 살 아이의 부모로서 첫해니까 다시 한 살이 된 셈이지요. 그러다 둘째, 셋째가 차례로 태어났고, 세 아이를 키우는 엄마로 저는 또다시 태어나야 했습니다.

가족은 기본적으로 신뢰와 사랑을 바탕으로 만들어진 집단입니다. 다만 사람이 모이면 갈등이 생기는 건 당연합니다. 상대방이 무례할 경우, 존중받지 못한다는 기분이 들어 화가 나기도 합니다. 그래도 저희 집은 보통 하루를 넘기지는 않습니다. 다음 날 아침은 상쾌해야 하니까요.

'공부', '학습'이라는 두 글자는 가족끼리 싸우기에 딱 좋은 주제입니다. 같은 말이라도 '아' 다르고 '어' 다르기 때문입니다. 서로 다른 관점의 차이를 이해해야만 갈등이 해결되는 것처럼, 같은 모습이라도 다르게 보려는 노력이 필요합니다.

'내가 모르는 게 많고 부족하니까 부모님이 공부를 가르쳐 주는 거야.'

22

이런 생각은 아이의 성적을 향상시켜 줄 수는 있겠지만, 스스로를 사랑하는 마음을 점점 갉아먹게 됩니다.

"걸음마, 젓가락질, 연필 잡는 법처럼 네 나이 때 알아야 할 것을 배우는 길에 언제나 너와 함께하고 끝까지 너를 응원할게."

이렇게 부모는 인내와 친절, 상냥함을 지녀야 합니다.

사실 쉽지는 않습니다. 생각해보면 저도 세 아이의 엄마로서는 열 살이 채 되지 않은 초보입니다. 많이 배우고 연습할 때인 것이지요.

공부를 안 하려는 아이에게 저는 이런 말을 해줍니다.

"우리 몸의 근육은 자꾸 사용할수록 양이 늘어나고 튼튼해져. 달리기 연습을 많이 하면 더 빨리 달릴 수 있고, 피아노 연습을 많이 하면 손가락이 더 잘 움직여지지. 뇌도 마찬가지야. 우리 몸이 자라듯이 뇌도 자라야 하는데, 뇌는 어떻게 운동하고 연습할까? 바로 공부야. 생각하고 책 읽고 수학 문제 풀고, 영어 단어 익히는 것! 그래야 너의 뇌가 튼튼하고 건강하게 자랄 수 있어."

다음은 숙제를 안 하고 준비물을 안 챙기는 아이에게 하는 말입니다.

"숙제를 안 해가서 선생님한테 혼났거나 혼자 부끄러웠던 적이 있니? 엄마는 깜빡 잊고 준비물을 안 가져가서 수업 시간에 아무것도 못하고 그냥 있었던 적이 있어. 너는 준비를 미리 해서 그렇게 힘든 시간을 보내지 않았으면 좋겠다. 필요한 것을 제때 챙겨두면 학교생활이 더 편안하고 즐거워질 거야."

작은 성공부터 맛보여주는 것이 가장 좋습니다. 사람은 누구나 성공에 도취되는 마음을 갖고 있습니다. 오늘의 성공이 내일의 새로운 도전을 위한 동력이 됩니다. 작은 성공을 위한 노력과 도전, 열정에 대한 칭찬이 어려운 과제를 해결할 수 있는 아이만의 자산, 훌륭한 밑거름이 될 것입니다.

부모님과 자녀의 마음이 딱 맞는다면 이제 학습코칭의 첫 단추를 끼운 것입니다. 지금부터 학습코칭을 시작하세요. 학습코칭은 하나 된 마음에서 시작해야 합니다. '자녀의 성장'이라는 하나의 목적을 갖고 있기 때문입니다. 어렵더라도 포기하지 마세요. 서툴더라도 진심은 느리게 스며듭니다. 우리 아이가 걷는 길, 천천히라도 좋으니 부디 함께 걸어주세요.

우리 가족 사랑의 언어 알아보기

1 **아이에게** 가족과 함께한 기억 중에서 가장 즐겁고 행복했던 기억은 무엇인지 이야기해보세요.

_____

_____

_____

2 **아이에게** 가족이나 친구들이 어떻게 해주면 가장 기분이 좋을지 이야기해보세요.

- ☐ 안아줄 때
- ☐ 사랑한다고 이야기해줄 때
- ☐ 무슨 일이든지 함께할 때
- ☐ 원하는 선물을 사줄 때
- ☐ 나를 많이 도와주고 많은 일을 해줄 때

3 **부모님에게** 내가 가장 행복하다고 느낄 때는 언제인가요?

_____

_____

_____

4 **부모님에게** 사랑하는 사람의 생일날, 무엇을 준비해주고 싶나요?

_____

_____

_____

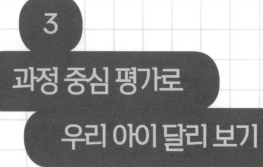

3

과정 중심 평가로
우리 아이 달리 보기

학습의 중요한 부분은 쉽게 보이지 않습니다.

오늘 시험 결과보다 중요한 것은

과정 속 역량이며 공부 습관입니다.

Q 책상에 앉아 있긴 하는데 성적이 오르지 않아서 답답합니다.
무엇이 문제일까요?

A 이런 질문은 여러 학부모님이 공통으로 하시는 고민이 아닐까 합니다. 겉으로 드러나는 점수만 가지고 학습에 대한 평가를 내린다면 더더욱 그럴 수밖에 없습니다. 하지만 정말 중요한 것은 보이지 않는 부분에 있습니다. 우리 아이 학습의 본질을 들여다보고, 어떤 부분에서 성장하고 있는지, 어려워하는지를 찾아보길 권합니다.

공부라는 것, 학습을 한다는 것은 단순한 결과가 아닙니다. 아이들 내면에서 배움이 일어나는 과정 그 자체이기 때문입니다. 수학이 국어보다 점수가 높다는 이유로 '수학은 잘하는데, 국어는 못한다'고 쉽사리 판단하면 안 됩니다.

공부의 의미, 그 해석부터 달리 봐야 합니다. 학습은 신경과 신경의 상호작용입니다. 신경세포 안에 새로운 단백질이 생성되는 화학적·생물학적 과정인 것입니다. 말하고, 토론하고, 정리하고, 소통하고, 의견을 모으고, 답이 없어 보이는 문제를 해결하는 그 모든 능동적인 작업까지 모두 학습에 포함됩니다.

이는 교육과정에서 말하는 핵심역량*과도 맥을 같이합니다. 교육과정은 이미 역량 중심으로 바뀌었습니다. 다만 역량은 단기간에 배울 수 있는 것이 아니기에, 학습의 영역은 습관의 영역에 더 가깝다고 할 수 있습니다.

습관을 바로 세워야 합니다. 핵심역량으로 공부를 해나가는 과정 자체가 중요합니다. 어쩌다 한 번 이벤트처럼 치는 시험 점수가 모든 걸 말해줄 수는 없습니다. 학습을 과정 중심으로 다시 봐주셔야 합니다.

학교와 교실 현장에서도 과정 중심 평가가 확대 실시되고 있습니다. 과정 중심 평가가 교실에서 제대로 이루어질 수 있도록 모든 선생님께 연수를 합니다.

과정 중심 평가는 교실 수업 과정에서 학생이 어떻게 변화하고 성장하

키워드 사전 _____

핵심역량 개인적 차원에서는 성공적인 삶을 살고, 사회적 차원에서는 잘 기능하는 사회를 만들기 위해 모든 사람에게 보편적으로 요구되는 기초적인 핵심 역량, 한마디로 자아실현과 사회 공헌을 위해 보편적으로 요구되는 기초적인 능력을 가리킵니다. 범교과적 성격을 띠는 '일반역량', 교과 고유의 지식, 기능, 가치 및 태도와 결부되는 능력을 가리키는 '교과역량'으로 구분하며, 일반역량은 교과 교육을 통해 실현되므로 교과역량으로 세분화됩니다.

는지 자료를 수집하여 적절한 피드백을 주어 교과별 핵심역량을 기르기 위한 평가 방식입니다. 한마디로 이번 시험의 성적이 100점이냐, 아니냐가 중요하지 않습니다. 비슷한 수준의 과제에 다시 도전해서 성취목표를 달성하면 그 아이는 100점이라는 말이지요.

그러기 위해 아이들이 어떻게 글을 쓰는지, 말을 하는지, 토의–토론은 어떻게 하는지 살펴봅니다. 또 우리 아이들이 늘 해왔던 것을 차곡차곡 파일에 모은 포트폴리오, 때로는 능동적 관찰, 녹화, 자기평가–동료평가 등 핵심역량을 바라보기 위해 무던한 노력을 합니다.

이제 달라진 평가의 관점과 기준으로 아이를 바라봐주세요. 사실 아이가 살아갈 날의 지식은 우리가 이미 지식이라고 정해놓은 교과서보다 훨씬 광범위하고 다양합니다. 지식의 수명이 짧아지고 늘 변하고 새로운 것을 요구받는 시대입니다.

이런 변화의 시대에는 현재의 지식을 얼마나 잘 암기하는지가 더 이상 중요하지 않습니다. 앞으로 다가올 세상을 더 잘 흡수하고, 적응해 나가며 함께 더불어 행복한 관계를 만들어내는 능력 자체가 중요합니다.

우리 아이가 오늘 하는 노력을 봐주세요. 그리고 학습에 대한 흥미와 자기관리 능력, 지식 정보를 처리하는 능력, 창의적으로 생각하는 역량, 공동체 안에서 함께하는 능력, 의사소통 역량, 아름다운 것을 민감하게 받아들이고 만들 수 있는 심미적 감성 역량을 바라봐주세요.

보이지 않는 것이 더 중요합니다. 눈에 보이는 작은 시험 성적으로 모든 것을 판단하지는 말아주세요. 앞서 배웠던 라포, 함께 행복한 관계를 챙기시면서 우리 아이를 늘 응원하고 격려해주셨으면 좋겠습니다.

✦ 교육과정 들여다보기

2015 개정 교육과정 핵심역량은 '학생들이 무엇을 배워야 하는가'보다는 '교육을 통해서 어떤 사람이 되어야 하는가'에 초점을 두고 있습니다.

'창의융합형 인재 - 인문학적 상상력과 과학 기술 창조력을 갖추고 바른 인성을 겸비하여 새로운 지식을 창조하고 다양한 지식을 융합하여 새로운 가치를 창출할 수 있는 사람'을 기르기 위한 핵심역량 여섯 가지를 담고 있습니다.

우리가 바라보고 키워주어야 할 습관의 영역에는 어떤 것이 있는지, 아이의 미래 역량을 가늠해 봅시다.

수업 과정에서 꽃피는 아이의 역량

수업 과정에서 여섯 가지 핵심 역량을 바라보는 평가를 합니다.

핵심 역량	주로 바라볼 부분
자기 관리 역량	• 학습 계획을 세우는가? • 계획을 실천할 힘이 있는가? • 다른 만족을 지연할 힘이 있는가?
지식 정보 처리 역량	• 지식과 정보를 수집–처리(재가공 등)할 수 있는가? • 문제를 해결하기 위해 지식과 정보를 활용할 수 있는가?
창의적 사고 역량	• 폭넓은 기초 지식이 있는가? • 이를 바탕으로 창의적으로 융합할 수 있는가? • 새로운 것을 창출할 수 있는가?
심미적 감성 역량	• 인간에 대한 이해와 문화적 감수성이 있는가? • 삶의 의미와 가치를 향유할 수 있는가? • 아름다움을 민감하게 받아들이거나 창조할 수 있는가?
의사소통 역량	• 다양한 상황에서 자신의 생각과 감정을 잘 표현할 수 있는가? • 갈등 상황이나 문제 상황에서 이를 조정하거나 해결할 능력이 있는가? • 논리적으로 설득할 수 있는 능력이 있는가?
공동체 역량	• 인류애가 있는가? • 함께하는 관계 그 자체의 소중함을 아는가? • 규칙을 알고 자신만의 역할을 찾아 제대로 수행할 수 있는가?

다음은 몇 가지 과정중심 평가도구 예시입니다.

1 포트폴리오

학습 과정에서 나온 결과물들을 파일이나 공책으로 모우고 기록합니다. 성장 과정을 바라볼 수 있습니다.

2 시험지

시험을 정기적으로 실시하는 것은 좋습니다. 다만 점수를 강조하는 것이 아니라 지식 정보 처리 역량, 문제해결 역량을 바라보는 것이 바람직합니다. 동일한 문제로 구성된 시험이라도 두 번 실시할 수 있습니다. 그리고 문제는 다르더라도 난이도가 동일한 동형 문제로 시험을 구성할 수 있습니다. 자녀의 학습 습관과 성장에 주목해주시기 바랍니다.

3 구술평가

말로 설명하게 하거나 말하는 모습을 녹화합니다.

4 수업 과정 평가

가르칠 때의 자료 그 자체를 촬영할 수 있습니다. 수업에서 강조했던 부분을 빈칸으로 만들어 문제를 낼 수 있습니다. 수업 과정에서 잘 집중하고 있는지, 적극적으로 참여하고 있는지를 확인할 수 있습니다.

4

우리 아이 학습과 정서 눈높이

알아보기

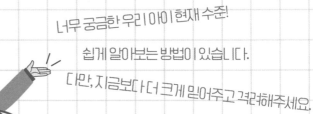

너무 궁금한 우리 아이 현재 수준!

쉽게 알아보는 방법이 있습니다.

다만, 지금보다 더 크게 믿어주고 격려해주세요.

Q 도대체 우리 아이 수준이 어느 정도인지 모르겠어요. 통지표를 봐도 좋은 말만 쓰여있고, 그냥 이렇게 두고 보기만 해도 되는지 궁금합니다.

A 우리 아이 학습과 정서의 눈높이를 알아보실 것을 권합니다. 학습 눈높이로 국가수준 교육과정 성취기준별 수준을 알아보고, 정서 눈높이로 학습에 대한 의욕과 마음이 어느 정도인지 파악해보세요.

교사도 사교육이 키운다는 말이 있습니다. 그만큼 주위에서 학원 한 번 안 보내고 가르치는 부모는 찾아보기 힘든 것 같습니다. 학교에 있다 보면 사교육비를 조사하라, 대책을 마련하라 하지만 어디서부터 시작해야 할지 막막한 기분이 듭니다.

더 막막한 쪽은 학부모님들이실 겁니다. 학교에서는 평가도 쉽게 하지 않습니다. 게다가 다 좋은 말만 쓰다 보니, 아이가 어느 정도 수준인지 알아보기란 쉽지 않습니다.

그런데 학원은 다릅니다. 아이가 몇 점이고 또래 학생들에 비해 어느 정도 수준인지 시험을 보면 결과가 바로 나옵니다. 그런 자료를 보면 두려움이 밀려옵니다. 이미 너무 늦은 건 아닌지, 공부를 안 시키고 방치한 건 아닌지 말입니다.

다른 부모들은 다 몇십, 몇백을 들여 자녀에게 사교육을 시키는 것 같아서 아이에게 죄책감도 듭니다. 나 자신이 부모로서 자격 미달은 아닐까, 아이가 공부를 못하는 게 나 때문은 아닐까 두렵습니다.

그 죄책감과 두려움으로 학원을 등록하는 경우가 꽤 많습니다. 저는 그래서 학부모님이 원한다면 언제든지 우리 아이가 어느 정도 수준인지 알 수 있게 도와드려야 한다고 생각합니다. 다른 사람과 비교하자는 뜻이 아닙니다. 그저 객관적으로 교육과정 성취기준에 어느 정도 도달했는지 확인하는 것, 그 정도면 충분합니다.

이번 챕터에서는 학습 수준을 알아볼 수 있는 유용한 사이트를 안내합니다. 굳이 학원에 가지 않아도 학습 수준을 한눈에 파악할 수 있는 시험지가 있습니다.

단, 자녀를 지금 보이는 모습 그대로 평가하지만은 말아주세요. 아이는 계속 성장하는 중이며, 언제든지 바뀔 수 있는 무한한 가능성을 지닌 존재입니다. 순간의 점수, 순간의 시험 결과만 가지고 우수함과 모자람 둘 중 하나로 섣불리 판단해서는 곤란합니다. 늘 깨어날 준비를 하고 있는 보석들입니다.

한편 자녀의 학습 눈높이뿐만 아니라 정서 눈높이도 알아야 합니다. 학습과 관련한 정서는 크게 두 가지라고 생각하면 됩니다. 첫째는 학습 동기, 둘째는 자기 조절이지요.

이 두 가지 정서는 행동으로 보이는 정서라 특별합니다. 구체적으로 우리 아이 학습 동기가 무동기, 즉 공부하고 싶어 하는 마음이 아예 없는 상태인지, 아니면 외재적 동기나 내재적 동기에 해당하는지 파악해야 합니다.

학습 의욕이 학생 스스로 마음먹는 내재적 동기로 올라오면 좋겠지만, 외재적 동기만 있어도 됩니다. 반드시 물질적인 보상, 예컨대 간식이나 용돈이 아니라도 구체적인 칭찬과 격려, 기대에 찬 눈빛만으로도 충분한 보상이 되기 때문입니다.

자기 조절은 크게 두 가지 모습으로 드러납니다. 하나는 인지적 자기 조절입니다. 이는 다양한 학습 전략으로 나타납니다. (**Link** 구체적인 학습 전략은 3장에서 자세히 살펴보겠습니다.)

다른 하나는 정서적 자기 조절입니다. 공부할 때 자신의 감정을 잘 관찰하고 이용하는 것입니다. '지치는구나!'를 알아채고 조금 쉬었다 하는 것도, 수학 문제를 잘 풀어 뿌듯한 마음이 생겼을 때 그 힘으로 학습을 조금 더 이어가는 것도 정서적 자기 조절 능력입니다.

아이의 정서 능력을 알아볼 수 있는 사이트도 안내하겠습니다. 학습코칭을 시작하기 전에 천천히 우리 아이 수준이 어느 정도인지 확인하시기 바랍니다.

어떤 모습이든 아이들은 우리의 소중한 보석입니다. 언제든지 반짝일 모습을 기다리고 있습니다. 우리 아이의 공부 잠재력이 대단할 거라 생각합니다. 늘 도와주고 지지해주는 분이 바로 이 책을 보고 있는 여러분이기 때문입니다.

우리 아이 학습 눈높이 알아보기

1 경상북도 교육청에서 제공하는 교육포털 서비스 '내친구교육넷'(http://www. gyo6.net)에 가입합니다.

2 메인메뉴 중에서 '학력 평가'의 '스스로 학업성취인증제' 사이트에 들어갑니다.

3 '스스로 학업성취인증제'는 학생 스스로 도전하는 개인별 학업 성취 온라인 평가 시스템입니다. 초등 3학년 과정부터 중학 3학년 과정에 이르기까지 자율평가, 단원평가, 인증평가가 있습니다.

· **자율평가** 스스로 범위를 정하여 평가해볼 수 있습니다. 부족한 부분을 스스로 확인하세요.

· **단원평가** 과목별 단원을 선택하여 평가해볼 수 있습니다. 단원이 끝난 뒤 자신의 실력을 확인하세요.

· **인증평가** 학기별로 자신의 실력을 평가해볼 수 있습니다. 기준을 통과하면 인증서가 발급됩니다.

4 자율평가와 단원평가는 상시 도전이 가능하고, 인증평가는 학기말과 학년말에 도전할 수 있습니다. 희망하는 학생은 언제나 문제를 풀 수 있고, 인증평가에서 일정 기준에 도달할 경우 인증서를 받을 수 있습니다.

5 인증에 실패해도 괜찮습니다. 횟수 제한 없이 언제든지 다시 도전할 수 있습니다.

6 자녀의 학습 눈높이가 어느 정도인지 객관적으로 파악할 수 있습니다.

우리 아이 정서 눈높이 알아보기

1 기초학력 향상 지원 사이트 '꾸꾸'(www.basics.re.kr)에 가입합니다.

2 초등 4학년부터 중학 3학년까지에 해당하는 학습유형 검사가 있습니다. 저작권이 있지만, 학교 담임 선생님께 요청하면 검사를 실시할 수 있습니다.

3 학습유형 검사를 하면 다음 네 가지 유형으로 분석됩니다.

1유형 노력형	학습 동기와 자기 조절이 모두 높은 경우
2유형 동기형	학습 동기는 높으나 자기 조절이 부족한 경우
3유형 조절형	자기 조절은 높으나 학습 동기가 부족한 경우
4유형 행동형	학습 동기와 자기 조절 모두 낮은 경우

4 자녀의 학습 유형에 맞는 맞춤형 정서 지도를 합니다.

5 꾸꾸에서 무료로 배포하는 프로그램을 활용해도 좋습니다.

인지	시지각 훈련 프로그램, 기초 인지 능력 향상 프로그램 등
정서	행동 조절 프로그램, 사회성 기술 훈련 프로그램, 동기 향상 프로그램, 회복 탄력성 프로그램, 중학생을 위한 학습 전략 프로그램 등
기초 학습	읽는 즐거움 쓰는 재미, 꼼알어휘, 놀이로 알아가는 수학 등

2장

우리
아이만의
특별한
공부방 만들기

공부방을 좋아하게 만들어주세요.

누구나 자신만의 공간을 갖고 싶어 합니다.

따뜻한 공간에서 인정받고, 사랑받으며,
자아가 실현된다는 느낌을 받으면

아무리 가지 말라고 해도 가고 싶어질 겁니다.

공부방이 우리 아이만의 행복한 공간이었으면 좋겠습니다.

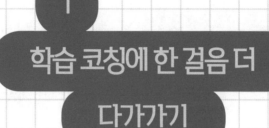

1
학습 코칭에 한 걸음 더
다가가기

우리 아이에게 따뜻한 학습코치가 되어주세요.

아이가 잘되길 바라는 마음을

'학습코칭'이라는 그릇에 예쁘게 담아주세요.

Q 다음 중 코치가 없는 운동은 무엇일까요?
① 야구　② 수영　③ 피겨스케이팅　④ 육상

A 보기 중에 정답은 없습니다. 우리에게 잘 알려진 운동은 모두 다 코치가 있습니다. 그렇다면 학습에서 코치는 누구이며, 학습코칭이란 어떤 것일까요? 학습을 도와주는 모든 사람이 코치가 될 수 있고, 배움을 돕는 모든 활동은 학습코칭이 될 수 있습니다.

고등학교 2학년 때 프로야구 경기를 처음 봤습니다. 그때나 지금이나 야구에 대해서 잘 알지는 못하지만, 3루에 두 명의 주자가 서 있는 듯 보였습니다. 한 명은 진짜 3루 주자, 다른 한 명은 주루 코치였지요. 뭐 하는 사람인지 알아보니, 주자가 홈으로 뛸지 말지를 두고 상황을 냉철하게 판단하여 빠른 결단을 내릴 수 있도록 도움을 주는 코치였습니다.

주자는 자신이 낼 수 있는 최고의 스피드와 몸짓으로 홈을 향해 달려갑니다. 주자는 홈을 향해 앞을 향해 뛰면서 공이 어디까지 왔는지, 어디로 날아가고 있는지 정확하게 판단하기 힘들 때, 주루 코치의 사인을 보고 더 뛸지 말지를 결정하게 됩니다. 주루들이 한 베이스씩을 더 간다거나 홈으로 들어올 수 있도록 봐주는 역할을 하는 겁니다.

처음에는 선수가 아님에도 경기장에 들어와 있고 경기의 흐름에 영향을 줄 수 있는 주루 코치가 약간 반칙과 같이 느껴졌습니다.

'틀리면 틀리는 대로 해야지 왜 가르쳐 주는 거야!'

그렇지만 야구에 흥미가 생길수록 주루 코치 역할의 중요성을 점차 느낄 수 있었습니다. 홈런이 나오면 3루에 서서 박수쳐 주고 하이파이브 해주는 사람, 안타가 나올 경우에 팔을 휘휘 돌리며 열심히 뛰어서 홈으로 들어가라고 가르쳐 주는 사람, 다음 베이스로 뛰지 말아야 할 때는 손을 흔들어 주자에게 멈추라고 이야기하는 사람, 이렇게 주자들은 존재 자체가 반칙 같은 사람과 함께 의미있는 시합을 이끌어나갑니다.

야구의 주루 코치를 보면 코칭이 무엇인지 조금 감이 잡힙니다. 스포츠가 어려운 것처럼 학습도 쉽지 않습니다. 그렇기 때문에 도움을 주는 사람들이 필요합니다. 아주 오래전부터 집에서는 부모님, 언니와 오빠, 누나와

형들이 학습코치의 역할을 했습니다. 지금은 조금 더 전문적인 이론과 방법, 기술이 추가되어 학습코칭 분야가 생겼습니다.

학습코칭은 개인의 잠재력 계발, 학습 동기 유발, 학습법 및 학습관리 기법을 가르쳐서 자기주도적 학습능력과 리더십을 두루 갖춘 '스스로 공부하는 리더'를 만드는 데 목적이 있습니다.

학습코칭의 핵심은 무대를 내어주는 일입니다. 내가 '해야 할 일'과 '하지 말아야 할 일'을 손수 구분해 주는 리더가 되기보다는, 자녀 스스로 방향 설정 능력과 실천력을 겸비한 리더가 될 수 있도록 적절히 안배된 무대를 제공하는 게 관건입니다.

우리 아이들이 자라서 세상이라는 무대를 잘 향유할 수 있는 리더가 되었으면 좋겠습니다. 사실 우리가 무대를 내어주지 않더라도 아이들은 자신이 원하는 행동을 하고 싶어 합니다. 다만, 학습의 영역에서도 원하는 행동이 있기를 바랄 뿐인 것이죠.

'해야 하는 것'과 '하기 싫다'는 생각 속에서 목적에 맞게 방향을 설정해야 합니다. 그리고 실천하고 되돌아보는, 높은 수준의 실천력이 필요합니다.

부모님의 지지와 올바른 가르침이 필요합니다. 우리 아이에게 따뜻한 학습코치가 되어주세요. 좋은 가르침은 어렵지 않습니다. 아이를 천천히 들여다보면 할 수 있습니다. 아이가 잘되기를 바라는 마음을 '학습코칭'이라는 그릇에다가 옮겨서 주는 것이 전부이기 때문입니다.

"내가 우리 아이의 학습코치가 될 수 있을까요?"

비록 그 자신이 훌륭한 선수는 아니었지만, 지도자로서 뛰어난 역량을 발휘한 사람들이 많이 있다는 것을 기억하세요.

학습코칭은 미취학 아동부터 시작할 수 있습니다. 그 나이에는 아이가 살아가면서 생기는 고민 등에 관해 진심으로 걱정하고 나누고 옳은 길을 갈 수 있도록 격려하고 사랑을 표현하는 것으로 충분합니다. 어려운 수학 방정식이나 국어 문법을 가르쳐주지 않아도 말입니다.

조금 어릴 때는 더 정밀한 무대 내어주기가 필요합니다. 예전에 아이와 함께 케이크 만들기 체험을 간 적이 있습니다. 열심히 잘 만들던 아이가 하던 걸 멈추고 턱을 괸 다음 가만히 있는 일이 있었습니다.

이유는 바로 케이크 레시피를 알려주던 선생님이 크림 짜는 법을 알려주면서 아이의 케이크에 직접 해주셨기 때문이었죠. 선생님은 좋은 의도였지만, 아이 입장에서는 자기 스스로 하던 일을 다른 사람이 다 해버리고 적극적으로 간섭하니 열심히 하고자 하는 마음이 전부 사라진 셈입니다. 그때 우리 아이의 나이가 여섯 살이었습니다.

정말 어린아이들도 자기가 원하는 대로 무언가를 하는 것을 좋아합니다. 놀이와 옷 입기, 밥 먹기, 그림 그리기를 혼자 힘으로 하고자 합니다.

'학습'이라는 넓은 영역에서도 스스로 하고 싶은 마음이 생기게 만드는 코칭이 필요합니다.

그래서 학습코칭은 학생이 자기주도적으로 학습을 할 수 있도록 도와줄 수 있는 모든 활동을 일컫습니다. 학생이 공부를 하기 위한 환경을 조성해 주고, 학습에 대한 동기를 가질 수 있도록 진로 지도를 하고, 고민거리를 함께 나누고, 좋아하는 책을 함께 읽어주세요. 그 모든 시간이 부모님과 아이에게 의미 있는 시간이었으면 좋겠습니다.

학습코칭 체크 포인트

1 공부방 확인

공부방의 청결, 조명, 책상의 넓이와 편안함, 소음, 온습도 등을 확인합니다.

2 학교 숙제 및 준비물

학교에서 덜 마친 것을 숙제로 내주기도 하지만, 다음 수업을 위한 준비물을 숙제로 내주는 경우도 있습니다. 숙제를 안 해오면 수업 진행이 어렵습니다. 또한 학생은 그 수업에 집중을 할 수 없고, 즐거움을 느끼기도 힘듭니다. 많은 준비물이 학교에 구비되어 있지만, 자신만의 만들기 준비물이나 가족사진처럼 빌릴 수 없는 준비물도 있습니다.

3 초등학교 수행평가 및 예습과 복습

과정 중심 평가에서는 수행평가에 성실히 임하고, 예습 · 복습만 철저히 한다면 누구나 모범생이 될 수 있습니다.

4 집에서 공부하는 시간

요즘은 집에서 공부할 시간이 적은 아이들이 많습니다. 공부할 시간을 확보하고 계획을 세워보세요.

5 시험 기간 전략

시험 3주 – 2주 – 1주 플랜을 짜 봅니다.

6 건강 관리, 식습관 관리, 수면 관리 등

건강한 생활 습관이 올바른 학습 습관을 만듭니다.

7 신체의 발달을 고려한 학습

취학 전이나 초등학생 때는 신체적인 발달도 매우 중요합니다. 신체 능력을 기를 수 있는 활동과 인지적 발달을 이룰 수 있는 활동 등이 고루 들어가 있어야 합니다.

8 아이의 능력, 흥미, 진로에 대한 이해

아이마다 능력과 흥미가 다릅니다. 아이에 대한 이해를 바탕으로 지도해야 아이의 행복을 최우선으로 고려할 수 있습니다.

9 정서적인 안정이 우선

따뜻하게 어루만져주고, 감정을 인정해주고, 격려를 아끼지 않음으로써 정서적인 안정이 먼저 이루어진다면, 더욱 효과적인 학습코칭이 가능합니다.

2
세상이 공부방! 우리 아이 공부방
평수 넓히기

집 안팎을 두루 살펴보세요.

어떤 장소가 우리 아이에게

좋은 배움을 줄 수 있는지 고민합니다.

Q 자녀가 많다 보니 별도의 학습 공간을 줄 수 없어 안타깝습니다. 공부방이 없다는 핑계로 아이들이 매일 거실에서 텔레비전만 봐서 더 속상해요.

A '공부방'이라는 개념을 다시 생각해본다면 의외로 간단히 해결할 수 있습니다. 공간에 대한 실용적인 재해석과 공부방을 넓히는 작업으로 아이만의 특별한 공부방을 선물하세요.

사고가 공간을 지배하기도 하지만, 때로는 공간이 사고를 지배하기도 합니다. 나만의 공간을 갖는다는 것은 자기 통제력과 사고력, 자신감을 키워주는 물리적인 조건이라 생각합니다. 그래서 아이의 학습 공간은 아주 중요합니다.

부모로서 아이가 공부하겠다는데 원하는 공간을 줄 수 없다고 생각하면 속상하죠. 때로는 부모로서 책임을 다하지 못하였다는 생각에 힘이 빠지기도 하죠. 하지만 '공간'을 다시 바라보면 의외로 쉽게 해결할 수 있습니다.

우선 아이에게 필요한 공간의 용도를 생각해볼까요? 대체로 '공부방'이라고 하면 책상과 의자, 책꽂이, 작은 침대를 기본으로 하고 있습니다.

반듯하게 책상에 앉아 공부하는 시간이 과연 얼마나 되는지, 책꽂이에 있는 책을 골라 읽는 횟수는 과연 얼마나 되는지 살펴보세요. 비효율적이고 쓰이지 않는 경우나 다른 용도로 쓰이는 경우가 더 많을 수 있습니다.

쓰이는 용도를 명확하게 하면 공간이 보입니다. 공부방이라고 이름 짓지 않는 거실과 부엌 등도 아이가 활용할 수 있는 학습 공간으로 만들 수 있기 때문입니다.

재활용 재료를 모아두는 곳을 학습 활동 자료를 위한 자리로, 그 앞에 방석을 둔 뒤 자르고 오리는 자리로 만들 수 있습니다. 또 책장이 있는 곳 한 칸에 독서 방석을 둘 수 있고, 아이와 함께하다 보면 더 좋은 아이디어가 생길 수도 있습니다.

공부방이 이미 있는 가정에서도 이 방법을 써 보면 아이는 공간에 대한 새로운 시각을 배울 수 있습니다. 더 나아가 아이와 함께 학습 공간 안내판 붙이기를 해보세요. 공간에 의미를 부여함으로써 좀 더 계획적인 생활 습관과 자기 통제력을 기를 수 있습니다.

여기에 더해서 물리적인 학습 공간을 더 넓은 세상으로 확장해줄 수 있습니다. 사실 아이들이 집이라는 정해진 공간에서 얻을 수 있는 배움은 한정적입니다.

흔하게 찾을 수 있는 운동장 흙바닥 등 집 밖의 공간들을 활용해보세요. 바깥 공간들은 그 자체로 공책이 될 수 있습니다. 또 도서관, 책방, 문화원 등은 정말 새로운 공부방이 될 수 있습니다.

실내의 학습 공간 지도와 함께 집 밖 학습 공간 지도 만들기를 통해 아이들이 세상과 만나는 기회를 넓혀주세요. 배움을 찾아 세상으로 나가는, 자기주도학습의 환경을 만들 수 있을 겁니다.

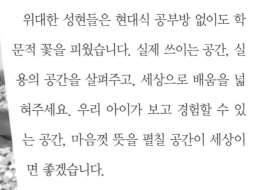

위대한 성현들은 현대식 공부방 없이도 학문적 꽃을 피웠습니다. 실제 쓰이는 공간, 실용의 공간을 살펴주고, 세상으로 배움을 넓혀주세요. 우리 아이가 보고 경험할 수 있는 공간, 마음껏 뜻을 펼칠 공간이 세상이면 좋겠습니다.

지금부터는 학습 공간을 더 자세히 재해석하고, 세상으로 펼쳐가는 방법을 함께 살펴보도록 하겠습니다.

| 공부방 평수 넓히기 1 | 틈새 학습 공간 만들기

❶ 아이에게 어떤 공간을 원하는지 물어보세요.

공간을 채우는 주체는 아이가 되어야 합니다. 현실적으로 가능한 범위 안에서는 아이의 취향과 의견을 최대한 존중하는 것 좋습니다. 자기 통제력, 자신감, 사고력을 키워 자기주도학습을 위한 공간 설계를 할 수 있기 때문입니다.

❷ 공부방 쓰임새를 살펴보세요.

공부방의 용도를 살펴보면 숙제, 그림, 일기 쓰기, 멍 때리기, 자습, 간식 먹기, 심지어 밥 먹기 등 다양할 것입니다. 이 중 각 용도별 활용율(%)을 아이와 함께 계산해 보세요. 꼭 필요한 공간과 크기가 어느 정도인지 알 수 있습니다.

쓰임에 맞게 공간을 다시 들여다봅니다. 숙제, 공부할 공간은 있어야 합니다. 지금 책상이 있다면 그 용도로만 써도 되고, 없다면 조금 작은 공간을 마련하면 좋습니다. 멍 때리기, 엎드려 자기 공간은 침대, 소파 등과 합쳐주면 됩니다. 음악 듣기, 휴대폰 사용 공간은 어디든지 상관이 없습니다.

❸ 아이와 함께 다양한 활동 공간을 만들어요.

아이의 의견을 묻고 용도를 확인했다면, 필요한 틈새 공간을 찾아 다양한 아이디어 공간을 만들어 봅니다.

> · 학습 활동 재료 수집 공간과 만들기 공간
> · 자유롭게 책을 읽는 독서 공간
> · 숙제 해결 공간, 준비물을 미리 챙기는 공간
> · 노는 공간, 마음대로 쉬는 공간 등

아이 손길 닿는 자리가 공부방

다빈치 공작실

독서 코너

❹ 아이와 함께 공간 안내판을 만들어요.

정해진 공간을 꾸미거나 안내하는 데도 아이가 적극적으로 참여하도록 기회를 주세요. 각 공부방의 명칭을 정해 안내판을 만들어 붙이고, 그 공간을 활용하는 방법 등을 아이의 언어로 적게 하면 더 좋습니다.

| 공부방 평수 넓히기 2 | 세상 전체가 공부방

아이들이 배울 수 있는 다양한 체험 활동이 많습니다. '집 안'이라는 제한된 공간 뿐만 아니라 '세상 전체'로 공부방의 평수를 넓혀주세요.

① 아이와 함께 도서관 데이트

책을 직접 고르는 것은 중요합니다. 다만 그림만 있는 책을 계속 고르게는 하지 않아야 해요. 학습만화를 골랐다면, 그림만 보고 넘기는지, 글자를 천천히 읽는지 살펴주세요. 그 외에는 어떤 책이든 직접 고른 책이면 좋습니다.

② 아이와 함께 주말농장 데이트

주말농장에 들리는 것도 좋습니다. 자연이 주는 정서적 안정감과 직접 성과를 냈다는 체험은 아이의 자존감 향상에 도움이 됩니다. 작은 성공을 많이 해본 사람이 큰 성공도 할 수 있습니다. 직접 식물을 키워 그 작물로 음식을 함께 만들어 보세요. 아이가 진심으로 행복해하는 것을 알 수 있습니다.

③ 세상 전체가 공부방

어떤 장소도 좋습니다. 우리 아이의 공책이 될 수 있는 공간은 세상 어디에나 있습니다. 아이와 함께 많은 체험을 해주세요. 체험에서 의미가 피어나고, 의미들이 기억은 물론 이해 분석과 적용, 창조까지 할 수 있는 능력을 줍니다. 꼭 정해진 단칸방의 공부방이 전부가 아닙니다. 어릴수록 더 많은 구체적 조작을 할 수 있게 도와주세요. 많이 말하고 많이 조작하는 게 더 많은 생각을 하는 방법입니다.

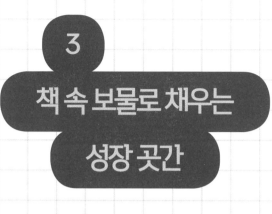

3

책 속 보물로 채우는
성장 곳간

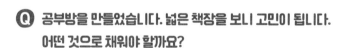

사람은 책을 만들고, 책은 사람을 만듭니다.

책 속에는 보물이 숨겨져 있습니다.

내 마음에 다가오는 한 줄의 황금 문장은 무엇인가요?

Q 공부방을 만들었습니다. 넓은 책장을 보니 고민이 됩니다. 어떤 것으로 채워야 할까요?

A 잠시 제 아이의 방에 들어가 봅니다. 어릴 때부터 사주었던 전집들과 아이의 과학 잡지 등, 책꽂이에 책은 많이 꽂혀 있습니다. 하지만 손 길이 닿지 않은 지 오래된 책입니다. 그리고 아이가 흥미를 느낄 만한 책이 없어서인지 책과 점점 멀어지는 것 같습니다. 아이의 방에 '책' 이라는 보물을 채우기 위해서는 평소 흥미 있어 하는 책으로 시작해 보는 것이 우선입니다.

책 속에는 수많은 보물들이 숨겨져 있습니다. 직접 경험하지 못하는 일들을 간접적으로 경험할 수 있습니다. 책을 읽으면서 자신에게 숨겨진 감정들을 찾아낼 수도 있고, 몰랐던 것을 새로 알게 되는 경험도 하게 됩니다. 그래서 부모님들은 아이들에게 이렇게 말합니다.

"행복아, 책 읽고 있니? 나중에 커서 훌륭한 사람이 되려면 책 좀 읽어야지."

부모님들은 아이가 책상에 앉아서 자신의 방에 꽂혀 있는 책을 읽기를 원합니다. 하지만 요즘 아이들은 책을 읽는 재미보다 컴퓨터, 스마트폰을 하는 재미에 푹 빠져있습니다. 우리 아이들에게 그 재미보다 책 읽는 즐거움을 느끼게 해 주어야 합니다.

관점을 돌려 부모님 자신을 돌아보면 어떨까요? 부모님 또한 아이들에게 책을 읽는 모습보다는 텔레비전을 보거나 스마트폰을 만지는 등의 모습을 더 많이 보여주고 있다는 생각이 들기도 합니다. 저 또한 그런 부분이 많아 반성하고 있습니다. 그럼 우리 부모님들은 아이들을 위해 어떤 모습으로 책 속의 보물을 찾아가게 할 수 있을까요?

먼저, 부모님이 책과 가까워지면 됩니다. 아이들에게는 책을 읽으라고 하고 부모님이 텔레비전을 보거나 다른 일을 한다면 아이들은 어떤 생각을 하게 될까요? 아이들도 당장 하고 싶은 일이 있을 수도 있습니다. 이때 부모님이 책을 먼저 펴서 같이 책을 읽자고 한다면 책에 한 걸음 더 가까워질 수 있습니다.

책 읽는 공간을 만들어주세요. 가장 좋은 곳은 아이의 방이 될 것입니다. 부모님도 읽을 책을 들고 아이의 방에서 함께 읽어주세요. 어린아이들에게는 방에 작은 텐트를 쳐서 아이만의 공간을 만들어주는 것도 좋은 방법이 될 것입니다.

서점과 도서관을 자주 방문해주세요. 많은 책들 중에서 아이의 관심사나 읽기 좋아하는 장르를 파악할 수 있게 됩니다. 시간이 오래 걸리더라도 스스로 책을 골라 읽을 수 있는 기회를 주세요. 서점, 도서관과 가까워지는 것은 책과 친해지는 지름길입니다.

아이가 읽고 싶은 책이 많은 방으로 보물 창고를 채워주세요. 서점과 도서관에서 책을 읽다 보면 읽고 싶은 책이 있을 것입니다. 아이가 간직하고 싶은 책이 있다면 그것으로 아이의 방을 채워주세요. 전집을 사주는 것도 좋습니다. 하지만 전집을 사줄 때에도 부모님의 생각이 아닌 아이들이 흥미 있어 하는 것으로 채워주세요.

아이가 관심 있어 하는 책을 함께 읽어주세요. 아이가 책 속에 숨겨진 보물을 더 많이 찾길 원한다면 꼭 하셔야 합니다. 아이는 읽은 책을 누구에게 말할 때 더욱 자신의 것으로 만들어 낼 수 있을 것입니다. 부모님도 아이의 책을 읽고 공감대를 형성해주신다면 아이는 책 읽는 재미에 푹 빠지지 않을까요?

사람마다 책에서 느끼는 것이 다르다는 것을 알게 해주세요. 부모님과 책에 대해 이야기하는 과정에서 아이는 사람마다 느끼는 감정이나 생각이 다른 것을 알게 됩니다. 생각의 다양함을 알고 자기만의 생각과 모습은 어떤지 찾아갈 수 있는 기회가 되면 좋을 것 같습니다.

단순히 말하는 것과 글을 읽는 것은 차이가 있습니다. 어떤 글을 읽고 자신의 생각으로 해석할 수 있게 해야 합니다. 그것이 바로 요즘 강조되고 있는 문해력(文解力)*입니다. 책 속의 내용을 읽게 되면 이해를 하게 됩니다. 생각을 읽게 되면 다른 사람을 존중하게 될 것입니다.

　책 속의 숨겨진 보물을 잘 찾아내는 아이가 되어야 합니다. 문해력을 가진 아이를 만들고 싶다면 부모님이 먼저 책에 가까워져야 하고, 아이가 책과 친해질 수 있는 많은 기회를 만들어주세요.

　광화문의 한 서점 입구에 보면 위와 같은 문구가 적혀 있습니다. 책은 사람이 만들어 냅니다. 어쩌면 지금 읽는 이 책도 고전부터 내려온 지혜가 만들어 냈습니다.

키워드 사전 _____

문해력(文解力) 문자 해득(文字解得), 즉 문자를 읽고 쓸 수 있는 일 또는 그러한 일을 할 수 있는 능력을 가리킵니다. 넓게는 말하기, 듣기, 읽기, 쓰기와 같은 언어의 모든 영역이 가능한 상태를 말하지요. 국제연합(UN) 산하의 교육, 과학, 학술 전문기관인 유네스코(UNESCO)에 따르면, 문해란 "다양한 내용에 대한 글과 출판물을 사용하여 정의, 이해, 해석, 창작, 의사소통, 계산 등을 할 수 있는 능력"이라 정의할 수 있습니다.

하지만 이 책을 읽는 행위는 아이를 위한 고민과 사랑에서 시작됩니다. 책을 읽고 나면 지금보다 더욱 변화하고 성장하는 모습을 만들어 낼 것입니다.

서점 안에 진열된 수많은 책들, 그리고 그것을 읽는 사람들.

그 안에 떠도는 수많은 생각들이 바로 책 속의 소중한 보물입니다. 책 속에서 보물을 못 찾을 수도 있습니다. 그것도 다 이유가 있습니다. 나중에 삶 속에서 필요한 순간에 예전에 읽은 한 구절이 생각날 수 있습니다. 그 자체가 훌륭한 무의식 속 기록이고, 삶의 순간입니다.

아이가 찾은 보물들을 한 줄씩 기록하게 하면 어떨까요? 독후감과 같은 숙제가 아니라 그냥 책을 읽으면서 떠오른 생각이나 느낌을 적게 하면 좋을 것 같습니다. 꼭 문장이 아니라도 좋습니다. 심지어 글로 적지 않아도 됩니다. 낱말, 문장, 그림 등으로 책에 대한 다양한 생각을 나타내는 것이 중요합니다.

아이들의 책 속 보물들이 적힌 노트에서 성장의 씨앗이 싹트길 기대하며 오늘도 그런 믿음으로 응원해주세요.

'하하호호' 우리 가족
책 속 보물찾기 십계명

책 읽기를 위한 출발점을 가족과 함께 만들어 볼까요? 거창하지 않아도 됩니다. 그저 우리 가족이 함께 독서할 수 있도록 하는 것입니다. 이름은 십계명이지만, 굳이 열 가지가 아니여도 좋습니다. 지킬 수 있는 일을 각자 한 가지씩이라도 의견을 내어 '하하호호' 독서하고, 책 속에서 찾은 보물을 서로 나누는 시간을 잠시 가져 보세요.

 행복이네 가족의 책 속 보물 이야기

하나. 가족 모두 하루에 30분 정도는 책을 꼭 읽습니다.

둘. 책을 읽고 나면 한 문장이라도 생각을 나눌 수 있는 시간을 가집니다.

셋. 한 달에 두 번 이상 서점과 도서관을 갑니다.

넷. 서점과 도서관을 갈 때에는 가족 모두 함께 갑니다.

다섯. 잠자리에 들기 전에 부모님이 책을 읽어줍니다.

여섯. 자신이 읽는 책은 스스로 정리하도록 합니다.

일곱. 다른 사람에게 책을 소개할 때 중요한 부분은 궁금증을 위해 남겨둡니다.

여덟. 책을 읽은 후 스티커를 모아 일정 수가 채워지면 파티를 합니다.

_____이네 가족의

_____

하나. _____

둘. _____

셋. _____

넷. _____

다섯. _____

．
．
．

우리 가족만의 멋진 규칙 이름을 만들어 보세요.

규칙은 많다고 좋은 것이 아닙니다. 지킬 수 있는 내용이 중요합니다.

책의 내용을 참고하여 보이는 곳에 크게 만들어 붙여놓을 것을 권장합니다.

첫 술에 배부를 수는 없지만 시작이 반입니다. 오늘 저녁 가족들과 함께 둘러앉아 독서를 위한 규칙을 만들어 보세요.

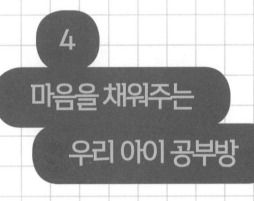

4

마음을 채워주는
우리 아이 공부방

마음도 온전히 공부방에 앉게 해주세요.

마음을 채워주는 공부방에서

카이로스의 시간이 흐르길 바랍니다.

Q 아이가 잔소리 없이도 정해진 시간에 스스로 공부방을 찾아가면 좋겠어요. 특별한 방법이 있을까요?

A 공부방을 좋아하게 만들면 됩니다. 사람이라면 누구에게나 있는 욕구를 활용해보세요. 공부방에 있을 때 인정받는 느낌, 사랑받는 느낌, 자아를 실현하는 느낌을 받는다면 우리가 가지 말라고 해도 가고 싶어질 겁니다.

잠시 조선 시대로 돌아가 봅시다. 공부를 하는 모습을 떠올려 봅니다. 어떤 신분에서 공부를 하고 있나요? 너무나 당연하게 갓을 쓴 선비의 모습이 떠오릅니다. 공부는 아무나 하는 게 아닙니다.

물론 현대 사회에는 양반이나 귀족이라는 신분이 따로 없습니다. 하지만 학생들의 마음속을 들여다보면, 준비가 되지 않은 채로 공부하러 와서 앉아만 있는 경우가 많다는 것을 느낍니다.

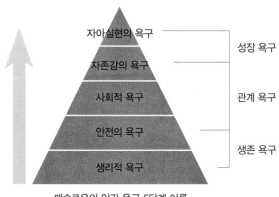

매슬로우의 인간 욕구 5단계 이론

심리학자 매슬로우(Maslow)가 말한 5가지 인간의 욕구를 봅니다. 사람은 누구나 5가지의 욕구가 있습니다. 1단계와 2단계는 생리적 욕구, 안전의 욕구입니다. 본능적인 배고픔이나 위협받지 않는 환경 등이 보장되길 바랍니다.

3단계는 사회적 욕구, 4단계는 자존감의 욕구입니다. 사람은 소속되기를 바라고 사랑받기를 바랍니다. 또 타인에게 인정과 존중을 바라고 자기 자신에 대한 평가, 자존감도 높이기를 바랍니다.

5단계가 자아실현의 욕구입니다. 성장하기를 바라며, 내가 왜 세상에

왔는지 이유를 알고자 하고, 그 이유를 체험하는 자아실현을 원합니다. 뜻을 품고 펼치며 세상을 무대로 살아가기를 바라죠.

알더퍼의 ERG 이론도 맥락이 같습니다. 이건 더 간단하게 욕구를 3단계로 나눈 것입니다. 사람이라면 누구나 생존의 욕구, 관계의 욕구, 성장의 욕구를 가지고 있다는 내용입니다.

사실 이 욕구가 있다는 것을 아는 것은 하나도 중요하지 않습니다. 핵심은 위계입니다. 아래 단계의 욕구가 충족되지 않으면 높은 단계의 욕구를 충족할 수가 없습니다.

너무 간단한 이유입니다. 밥을 안 먹고 공부를 하려고 해도 배가 고픈게 신경이 쓰여서 공부를 할 수가 없습니다. 또, 공부를 하려고 앉았는데 오늘 학교에서 싸운 친구 얼굴이 떠오릅니다. 그 일이 자꾸 생각이나 공부에 집중이 되지 않습니다.

첫 번째 아이에게는 밥을 먼저 줘서 생리적 욕구, 안전 욕구를 채워주어야 합니다. 두 번째 아이에게는 밥도 줘야 하지만, 소속감과 자존감의 욕구인 관계의 욕구를 채워주어야 합니다. 함께 고민을 나누고, 친구 관계를 잘 해결할 수 있게 도와야 합니다.

그제야 공부가 가능해집니다. 몸은 물리적으로 공부방에 앉아 있지만, 진짜 공부할 준비가 되어 있는지 살펴야 합니다. 마음까지 공부방에 앉아 있는지, 붕 떠있지는 않은지 아이의 욕구를 살펴야 하는 부분입니다.

세상에는 크게 두 가지 시간이 존재합니다. 크로노스(Chronos)의 시간과 카이로스(Kairos)*의 시간이 그것입니다. 크로노스가 그냥 물리적으로 흐르는 시간인 반면, 카이로스는 그 순간에 내가 정말 살아있다고 느끼고 제대로 온전하게 체험하고 있는 시간입니다.

공부방에서의 시간이 오롯이 카이로스의 시간이 되기 위해서는 아무 잡념이 없어야 합니다. 생존의 욕구도, 관계의 욕구도 내 마음을 어지럽히지 않아야 합니다. 온전하게 성장의 욕구, 자아실현의 욕구만 두드리는 의미를 찾는 시간이 되어야 합니다.

눈에 보이지 않는 마음은 충분히 공부를 못하게 막을 수 있습니다. 공부방에 앉힐 때 마음부터 앉혀주세요. 그러면 공부는 시키지 않아도 하게 됩니다. 무언가를 배우는 것은 사람의 아주 기본적인 욕구이기 때문입니다.

〈쇼미더머니〉라는 프로그램을 보다가 인상 깊은 장면을 보았습니다. 유명 래퍼 스윙스의 작업실 모습이었습니다. 그곳은 자기에 대한 좋은 말들, 자기 확언이 적힌 포스트잇들로 가득했습니다.

사람에게는 누구나 배우고 싶어 하는 욕구가 있습니다. 우리 아이에게도 있습니다. 아직 잠들어 있을 뿐, 두드리면 언제나 깨어날 준비를 하는 성장의 욕구, 자아실현의 욕구가 있습니다.

공부방에서 몸만 앉아있는 것은 아닌지 항상 살펴야 합니다. 아이가 억지로 공부방에 앉아 있지는 않은지, 마음까지도 공부방에 가고 싶어 하는

키워드 사전 _____

크로노스(Chronos)와 카이로스(Kairos) 그리스 신화에 나오는 '시간'을 나타내는 신들입니다. 크로노스는 제우스의 아버지로, 최고신의 자리에 올랐으나 자녀 중 한 명이 지배권을 빼앗는다는 신탁 때문에 자식들이 태어나자마자 삼켜 죽여 버립니다. 하지만 막내 제우스만 살아남았고, 결국 그에게 죽임을 당하지요.
카이로스는 제우스의 막내아들로, 특이하게도 뒷머리가 대머리입니다. 이는 자신이 뒤로 지나가버리면 다시는 '기회'를 붙잡지 못하도록 하기 위해서라고 합니다.
신화에서는 흔히 크로노스를 '시간의 신'으로, 카이로스를 '기회의 신'으로 해석합니다. 크로노스가 연속적이고 순환적인 시간을 뜻한다면, 카이로스는 순간이나 주관적인 시간을 뜻하지요. '하루 24시간, 1년 365일'이라는 물리적인 시간은 누구에게나 동일하게 주어집니다. 하지만 동일한 시간이라도 어떻게 쓰느냐에 따라 자기만의 특별한 시간이 될 수도 있고, 무의미하게 흘러가버릴 수도 있습니다.

지 살펴주세요.

공부방을 하나의 멋진 장소로 만들어주세요. 아이의 땀과 정성이 포스트잇 하나하나에 적혀있으면 좋겠습니다. 자기에 대한 좋은 말, 자기 확언, 부모님이 적어준 격려의 말들이 가득하면 좋겠습니다.

기회가 된다면 선생님과 친구들이 해준 인정의 말도 포스트잇으로 붙어있으면 좋겠습니다. 우리 아이에게 부모님과 선생님, 친구는 아주 큰 존재감의 물줄기입니다. 그 물들이 모여 자존감이라는 강이 됩니다.

아이들 자존감의 강이 크고 맑았으면 좋겠습니다. 공부방에서 늘 행복하면 좋겠습니다. 항상 의미 있는 카이로스의 시간이 흐르길 바랍니다.

마음을 채우는 우리 아이 공부방 만들기

① 포스트잇을 준비합니다. 좋은 문구를 말해준 사람의 이름과 함께 적어서 벽에 붙입니다.

> (예시)
> · 부모님, 선생님, 친구가 해준 인정과 격려의 말
> · 자아실현, 성장과 관련된 명언
> · 자신에게 들려주는 자기 확언(미래에 꿈처럼 이루어질 글들)과 격려

② 좋아하는 물건이나 꿈과 관련된 물건을 과하지 않게 전시합니다. 꿈을 이루는 모습, 사진 등도 좋습니다.

③ 상자를 하나 마련합니다. 공부를 방해하는 물건, 신경 쓰이는 물건이 있다면 상자 안에 잠시 넣습니다.

> (예시) 휴대 전화, 시계, 게임기

④ 공부방을 꾸밀 때부터 자녀와 함께 이야기를 나누는 것이 좋습니다. 꾸미는 물건 중 대부분이 아이의 손길이 묻은 것이 면 더할 나위 없습니다. 시간이든 돈이든, 자기가 어느 정도 신경을 쏟는다면 더 마음이 가는 게 사람입니다.

⑤ 공부방에서 의미 있는 시간을 보내고 있는 아이에게 가끔씩 간식을 챙겨주세요. 본능형의 성격을 가진 아이들은 그것만으로도 충분한 보상이 됩니다.

⑥ 칭찬과 격려는 어떤 아이든 좋아합니다. 좋은 모습들을 많이 봐주는 시간이 되면 좋겠습니다.

내가 무너졌던 해의 이야기

글 박호규

사랑과 따뜻함의 교실을 꿈꾸는 이유

초등학교 1학년을 지도하던 때였습니다. 그해는 참 힘든 일이 많았습니다. 그만두고 싶다는 생각을 정말 많이 하였고, 실제로 교감선생님께 말씀도 드렸습니다. 사직에 대한 이야기를요. 다행히 교감선생님은 저를 말리셨고, 일주일에 한 번은 제 교실에 찾아와서 수업을 해주셨습니다.

짧은 교직이었지만 잊지 못할 첫 장면은 그 교실에서 탄생하였습니다. 아주 큰 얼음이었습니다. 매번 발질을 하였고, 친구들에게 공격적인 모습을 보였습니다. 얼마나 대단하였으면 배운 태권도와 합기도 기술을 저에게도 마구 쓸 정도였습니다. 아프지는 않았지만 다른 의미로 굉장히 아팠습니다.

저는 제가 소질이 없다고 느꼈습니다. 저 같은 사람은 선생님을 하면 안 된다고 생각했습니다. 아이를 바르게 지도하지도 못하고, 아이에게 매번 맞기도 하고, 노력해도 노력의 티가 나지 않으니 빨리 다른 길을 찾아 열정을 쏟아야겠다고 생각했습니다.

그런데 그 불안해 보이던 아이가 마침내 폭발하는 날이 있었습니다. 1학년인데, 책상 서랍장 안과 사물함에 있는 짐을 다 가방에 챙깁니다. 아직

점심시간도 되지 않았는데, 화가 잔뜩 나서 저에게 말합니다.

"나 학교 안 다닐 거야! 집에 가서 앞으로는 절대 학교에 오지 않을 거야."

제가 그 아이에게 한 말은 새치기하지 말고 줄을 똑바로 서라는 말이었습니다. 전체를 향한 규칙이었기 때문에 아이 마음대로 하게 해줄 수가 없었습니다. 그런 말 한마디, 너무 당연히 지켜야 할 규칙에 대한 말 한마디 했다고 고래고래 소리 지르는 반응을 예상하지는 못했습니다.

거기까지였으면 모르겠는데 실제로 짐을 모두 싼 뒤 그 자리에서 바로 뛰쳐나갔습니다. 저는 그 아이를 도저히 혼자 보낼 수 없었습니다. 급하게 교감선생님께 보고를 드리고, 도와달라고 부탁을 드리고 나서 아이 뒤를 따라갔습니다.

아이가 향한 곳은 어머니의 집이었습니다. 굳이 어머니의 집으로 표현한 이유는 그 아이가 평소에는 아버지 집에서 살기 때문입니다. 그 집에 들어가니 하늘이라는 예쁜 강아지가 우리를 반겨줍니다. 낯선 저에게는 짖기도 하였지만 금방 온순해졌습니다.

잔뜩 사랑받은 모습들이 방 곳곳에 붙어 있었습니다. 유치원에서 글씨를 잘 써서 받은 상, 오랜 시간과 정성을 들여 그린 예쁜 가족 그림, 한글을 떼기 위해 공부를 했던 문제지 흔적들까지 냉장고와 집 안 곳곳에 잔뜩 붙어 있었습니다.

놀랍게도 그 집에서의 아이는 내가 알던 아이와 완전 딴판이었습니다. 평온하고 사랑이 가득하고 저를 보는 눈빛에도 존중이 가득하였습니다. 우리는 도란도란 이야기를 나누었습니다. 어머니도 아버지도 안 계시는 집이지만 저랑 둘이서 얘기를 나누었습니다.

그러던 중 '학원에 가기 싫다, 오늘만큼은 학원을 안 가고 쉬고 싶다'는 말을 합니다. 저에게 부모님께 전화를 드려 전해달라고 그렇게 애처롭게 부탁을 합니다. 확답을 해서는 안 되지만 알겠다고, 오늘은 쉴 수 있게 선생님이 도와주겠다고 말을 하였습니다.

아버지와 어머니 두 분 모두에게 전화를 드렸습니다. 상황, 아이가 보내는 신호, 제 입장 등을 최대한 상세하고 친절하게 표현하려 애썼습니다.

그런데 그런 저를 가슴 아프게 하는 한마디가 있었습니다.

"그 아이 학원 보내려면 얼마가 드는지 아시오?"

우리 이러지는 말았으면 좋겠습니다. 살아냄 이후에 학습도 있는 것이지, 학습이 삶보다 우선은 아닙니다. 그래도 어찌어찌 얘기가 잘되어 아이는 저와 더 데이트를 할 수 있게 되었습니다. 맛있는 것도 먹고 재밌는 것도 하며 그 아이가 삶에 대해 더 좋은 생각을 가질 수 있도록 도왔습니다.

그날이 지나고, 그 아이는 서서히 제 편이 되었습니다. 나쁜 행동 습관이 나오다가도 저에게 나쁜 모습을 보이기 싫은지, 스스로 고치려는 모습들이 보였습니다. 크게 칭찬해주고 격려해주었습니다.

아이가 하루하루 달라지는 게 보였습니다. 정말 뿌듯하고 행복했습니다. 저는 더 이상 흔들리지 않았습니다. 더 놀라운 건, 그 아이가 변하니 우리 반 분위기가 달라졌다는 겁니다. 그 작은 1학년 아이들도 모두 다 알고 느끼는 것 같습니다.

얼음이는 너무 어린 나이에 고통의 터널을 건너고 있었습니다. 삶에는 누구나 피할 수 없는 고통과 시련의 터널이 있습니다. 그 터널을 지날 때 따뜻한 손길이 되어주는 누군가가 있으면 좋을 것 같다는 생각을 합니다.

저는 그래서 따뜻한 사람이 되고 싶습니다. 학생들이 제 교실에서 따뜻함과 사랑을 체험했으면 좋겠습니다. 그게 제 교실 철학의 전부입니다. 그 한 줄을 위해서 오늘도 한 걸음 성장하고 배우기를 노력합니다.

교육 방법은 참으로 다양하고, 학생들이 배워야 하는 내용이나 생각들도 많습니다. 그래도 제 교실에서만큼은 사랑과 따뜻함이 우선이고 싶습니다. 학교에서 모든 것을 빼고 단 하나만 남기라고 한다면, 학생만 남고 사제 관계만 남기 때문입니다.

집에서도 사랑과 따뜻함이 가득했으면 좋겠습니다. 대한민국의 미래를 다른 거창한 것으로 보지 않습니다. 제가 만나는 아이들, 부모님의 사랑스러운 자녀들, 그 한 사람 한 사람이 모두 대한민국의 미래입니다. 우리는 늘 현재와 미래를 마주하고 있습니다. 오늘도 고생 많으십니다.

3장

우리 아이만의
공부 방법,
학습 전략
가르치기

학습 전략은 밑줄 쫙,
별표 두 개로 가르쳐야 합니다.

우리 아이의 학습 스타일을 살펴 학습 통로를 열어주세요.

평상시와 시험기간 공부법처럼 때에 맞는 학습 전략도 살피고,

중요한 건 기록입니다.
우리 아이의 학습 습관을 기록해보세요.

한 걸음, 더 좋은 습관으로 나아갈 수 있을 겁니다.

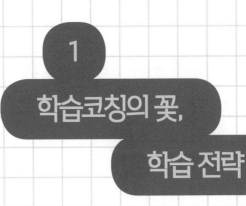

1

학습코칭의 꽃, 학습 전략

학습코칭의 꽃, 학습 전략입니다.

내 아이의 공부습관은 어떤가요?

더 나은 내일을 위해 배우는 모습을 살펴주세요.

Q '학습 전략'이라는 말을 처음 들었어요. 이걸 꼭 가르쳐야 할 이유가 있을까요? 그냥 바로 공부할 것을 학습하면 되지 않을까요?

A 학습 전략은 밑줄 쫙, 별표 두 개로 가르쳐야 합니다. 공부 방법을 충분히 배우고 익혀야 자기주도학습으로 갈 수 있습니다. 우리 아이가 학습이라는 망망대해에서 든든한 배를 가질 수 있게 도와주세요. 바람이 불기만을 바라는 배인지, 스스로 노를 저을 수 있는 배인지는 바로 학습 전략에 달렸습니다.

개인적으로 학습코칭의 꽃은 학습 전략이라고 생각합니다. 흔히 전략적으로 무언가를 해라는 말을 할 때는, 더 효율적으로 하라는 뜻입니다. 그릇에 예쁘게 담긴 음식을 후후 불어서 주는 게 아니라 쉽게 요리하는 방법을 알려주는 것과 같습니다.

공부 잘하는 사람에게 물어보면 다 자기만의 공부 비결이 있습니다. 예를 들어 저는 시험기간이 되면 제가 선생님이 된 듯이 시험 문제를 만듭니다. 그리고 예상되는 답변을 쓴 후, 다 정리되고 나면 중얼중얼 말을 하며 공부를 합니다.

어떤 사람들은 마인드맵이나 씽킹맵 등 그림을 그림으로써 내용을 구조화하여 공부를 합니다. 오답 노트, 한 장 정리 등 나만의 정리 노트를 만들어 공부하는 사람도 있습니다. 어떤 방법이든 조금이라도 효율적으로 학습을 할 수 있게 도와주는 것은 모두 학습 전략입니다.

우리 아이가 초등학생이라고 생각하면, 사실 스스로 학습 전략을 배우기는 쉽지 않습니다. 그때 부모님과 같은 학습코치가 풍부한 경험을 바탕으로 학습 노하우를 알려줄 수 있습니다.

거창하지 않아도 됩니다. 아주 느린 학생 같은 경우는 왼쪽에서 오른쪽으로 손가락을 짚어가며 읽는 것도 학습 전략입니다. 밑줄을 그어가며 읽는 것도, 중요한 것에 색이 다른 형광펜을 의미를 두어 긋는 것도 하나의 전략입니다.

자료를 직접 만들어 쓴다면 더 꼼꼼히 챙길 수도 있습니다. 글자 포인트와 자간, 줄 간격이 어느 정도일 때 가장 편한지 확인할 수 있고, 공부 순서도 챙길 수 있습니다. 누구는 수학 다음에 국어, 누구는 국어 다음에 수학이 편할 수 있습니다.

꼭 말씀드리고 싶은 것은 기록입니다. 사소한 것이라도 학생에게 지도하고자 개입한 것이 있으면 그것에 대한 학생의 반응을 기록해야 합니다. '적자생존'이라는 말이 괜히 있는 게 아닙니다. '적는 자 생존'이지만요.

그렇게 학생이 선호하는 방법은 모두 기록해주세요. 어떤 옷이 우리 아이에게 어울리는지 정리가 되어야 합니다. 더 나아가 아이에게 알려주셔야 합니다. 너는 이렇게 공부할 때 잘하더라, 너는 이 방법을 잘 쓰더라, 알려주면 좋습니다.

이 작업이 충분히 되어야 다음 단계인 자기주도학습이 가능합니다. 자기주도학습은 '공부해!'라고 말한 뒤 혼자 방치해 두는 것이 아닙니다. 학습 전략을 충분히 익히도록 도와준 다음 그 전략으로 '한번 체험해봐!'라고 말하는 '안내된 도전'입니다.

학습에 있어 든든하게 내 뒤에서 나를 도와주는 느낌입니다. 그게 바로 우리의 역할이라 생각합니다. 우리 아이가 배움의 길을 걸을 때 혼자 외롭게 걷는 게 아니라 늘 누군가와 함께 걸었으면 좋겠습니다. 오늘도 우리 아이들을 지지하고 도와주시는 부모님을 응원합니다.

교육의 흐름을 생각해봅니다. 우리는 전쟁 중에도 학교를 세우고 교육을 하였습니다. 우리나라가 1950년대부터 고도성장을 할 수 있었던 건, 높은 교육열과 '배우면 우리 삶이 달라진다'는 믿음 덕분이라고 많은 사람들이 말합니다.

그때 가장 유행했던 교수법은 직접 교수법입니다. 직접 교수법은 교사가 자신이 아는 내용을 완벽하게 정리해서, 학생이 먹기 좋도록 요리해 가르쳐주는 방법입니다. 이 방법은 사실 지금도 아주 효과적인 교수 방법 중 하나입니다.

요즘 현장에서는 학생 참여 수업을 장려합니다. 정말 여러 이유로 학생 참여 수업이 대세가 되었지만, 단 하나의 이유를 뽑으면 저는 이렇게 생각합니다. '지식이라는 게 어디서든 너무 쉽게 찾을 수 있기 때문'이라고요.

더 이상 선생님의 머리에만 의존하지 않아도 됩니다. 더 이상 먼저 태어난 사람이 알고 있는 지식이 전부가 아닙니다. 학생들이 살아가면서 배워야 할 학습량은 더 많아지고, 미래는 그 누구도 예상하지 못하는 속도로 빠르게 변화하고 있습니다.

어느 때보다 지식의 양이 많은 시대입니다. 그래서 중요한 게 내가 배울 의지와 배울 방법입니다. 괜히 '유 선생'(유튜브), '구 선생'(구글)이 있는 게 아닙니다. 기술의 발달은 사람들이 쫓아가지 못할 정도로 빨라지고, 지식의 수명조차 나날이 짧아지고 있습니다.

그래서 현장에서는 공부 정서를 올리려 노력하고, 직접 체험하면서 학습 전략을 배울 수 있게 지도하고 있습니다. 그게 바로 학생 참여 수업이고, 과정 중심 평가이며, 꿈을 찾아주고자 체험하는 모든 내용의 공부입니다.

학습코칭도 마찬가지입니다. 이제 영어 몇 단어, 수학 몇 문제, 국어 지문 읽기만 기계적으로 가르쳐서는 안 됩니다. 학생 스스로 배움의 바다를 건널 수 있게 도와주어야 합니다. 우리 아이가 더 큰 배를 탈 수 있게 묵묵히 지원해주세요.

학습코칭 기록하기

일주일에 한 시간 학습코칭을 한다면 기록지를 적은 후 모으면 좋습니다. 다음은 학습코칭 기록지 예시입니다.

학습코칭 기록지 _____ 년 _____ 월 _____ 일 이름 _____

		잘하는 점	더 지도할 점
우리 아이 학습 특징		· 학습코칭을 즐거워함. · 현재 담임 선생님을 좋아함.	· 혼자 학습하기를 싫어함. · 가끔 주제와 상관없는 대화를 시도함.
학습 내용		· 구구단 6~9단 · 구구단 암송을 잘 따라옴. · '구구단을 외자' 놀이를 즐거워 함.	· 쓰면서 외우는 것을 싫어함.
학습 중	지도	· 문제지 풀이를 시켜봄. · 수학 다음에 국어를 시켜봄.	
	아이 반응	· 실생활 쓰이는 상황에서 퀴즈를 고민해서 풀려고 노력함. 어려웠는지 풀지는 못함.	· 문제를 보자마자 한숨을 쉼. · 수학에 너무 지쳤는지 국어는 읽지도 않고 포기함.
보상 강화	지도	· 칭찬, 구체적인 칭찬을 함. · 작은 젤리를 줌.	
	아이 반응	· 칭찬에 매우 민감함. · 인정받고자 하는 욕구가 큼. · 빨리 하고 자유 시간을 갖고 싶어 함.	· 젤리는 싫어함.

학습 특징은 한 번만 정리하고, 변화가 있을 때만 누적해서 기록하면 됩니다. 학습에서 개입한 것과 학생이 반응한 것을 기록하다 보면, 학생에게 맞는 맞춤형 지도 방법과 전략이 보입니다. 학생이 어떤 조건, 어떤 방법으로 공부하는 것을 좋아하는지가 보입니다.

꼭 몇 회기라도 해보셨으면 좋겠습니다. 다시 말씀드리지만 '적는 자 생존'입니다.

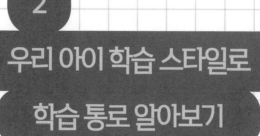

2
우리 아이 학습 스타일로
학습 통로 알아보기

조리법을 익히는 모습이 저마다 다르듯,

학습에도 자기만의 스타일과 통로가 있습니다.

학습 통로를 넓혀주고, 다양한 방법을 알려주세요.

Q 우리 집 작은애는 학습 시간에 자꾸 움직이면서 공부하는 것을 좋아합니다. 큰애는 계속 묻고 또 물으면서 제가 대답해주길 원해요. 둘의 성향이 너무 달라서 어떻게 지도해야 할지 모르겠습니다.

A 사람들은 저마다 좋아하는 학습 스타일이 다릅니다. 우리 아이가 어떤 학습 통로로 공부하고 있는지 살펴보세요. 잘하는 학습 통로는 강화해주고, 어색해하는 학습 통로는 보완해주면 됩니다.

이제부터 떡볶이를 만드는 레시피 내용을 익히는 방법을 통해 학습 스타일을 알아보기로 합시다. 다음 네 가지 중에서 당신은 어떤 스타일인가요?

떡볶이 레시피, 이렇게 내 것으로 만든다!

(유형 1) 그림이나 사진에서 많은 정보를 얻는다!
요리 도중에 다음 순서를 생각해야 할 때는 관련 이미지를 떠올리지요. 평소에도 그림이나 그래프로 되어 있는 설명이 훨씬 이해하기 쉬워요.

(유형 2) 레시피를 보면서 중얼거린다!
다른 사람의 설명을 잘 듣고 익혀요. 예컨대 전화로 친구의 설명을 듣고 떡볶이를 만드는 것도 잘할 자신이 있어요. 평소에도 연설이나 대화, 토론을 통해 정보를 얻는 걸 좋아해요. 지도 없이 설명만 듣고도 길을 잘 찾는 편이에요.

(유형 3) 레시피 내용을 요약해서 메모한다!
외워야 하는 내용이 있으면 반복적으로 필기하는 것이 편해요. 제품의 기능을 익힐 때도 설명서를 읽고 제 나름대로 메모를 해두지요. 수업 중에도 노트 필기를 잘하는 편이에요.

(유형 4) 재료부터 준비해서 일단 만들어보면서 익힌다!
지금까지의 요리 경험을 잘 살려서 실전을 통해 다양한 시도를 해보는 편이에요.

떡볶이 조리법을 익히는 방법이 제각기 다릅니다. 평소에 필기를 정성들여 하거나 메모를 잘하는 사람도 있는 반면에, 표나 그래프, 사진 등으로 표현되어 있는 시각 자료를 잘 이해하는 사람들도 있습니다.

이처럼 학습 스타일을 '시각적(Visual) 스타일', '청각적(Auditory) 스타일', '언어적(Read&Write) 스타일', '신체적(Kinesthetic) 스타일' 이렇게 네 가지로 구분한 모델을 'VARK 모델'이라고 합니다. VARK는 각 유형의 머리글자를 조합하여 만든 말이지요.

유형 1은 시각적 학습자입니다. 시각을 통해서 대상이나 관련 정보를 효과적으로 이해하고 습득하지요. 도표, 그래프, 이미지 등이 있을 때 학습 선호도가 높습니다.

유형 2는 청각적 학습자입니다. 들으면서 학습하는 것을 좋아해서 강의 듣거나 소리 내어 읽기, 토론 학습 등에 강합니다.

유형 3은 언어적 학습자입니다. 글을 읽고 쓰는 것을 좋아하지요. 그래서 언어로 된 정보를 쉽게 습득하고, 암기하기 위해서 쓰는 활동, 글을 요약하여 필기하는 활동 등을 잘합니다.

유형 4는 신체적 학습자입니다. 손으로 만들고 몸으로 실천해보면서 정보를 효과적으로 습득하기 때문에 설명을 듣기도 전에 손과 발이 더 빨리 움직이곤 합니다. 실험이나 실습과 같은 활동에 강하지요.

VARK 모델은 다중지능 이론*과도 연관이 있습니다. 예전에는 몇 가지 인지 능력을 잣대로 학생의 성취 능력을 파악했지만, 지금은 다양한 능력을 인정하고 있습니다. 창의성, 예술적 감성과 표현력, 신체-운동 능력, 정서의 이해 및 표현 능력 등 다양한 관점에서 아이들의 가능성을 찾으려 노력하는 추세이지요.

아이들은 정말 다양하다는 것을 인정하십시오. 모든 아이에게 들어맞고 모든 상황에서 들어맞는 '단 하나의 전략'은 존재하지 않습니다. 우리 아이

키워드 사전 _____

다중지능 이론　미국의 교육 심리학자 하워드 가드너(Howard Gardner)가 1983년 『마음의 틀』이라는 저서에서 최초로 제안한 이론입니다. 그는 특정 영역의 문제 해결 능력이 지능을 좌우한다는 기존 인식에 맞서 인간의 지능이 다양한 영역으로 구성되어 있으며, 사회 문화적 환경과의 상호 작용을 통해 발달한다고 보았습니다. 모든 인간은 '언어, 음악, 논리·수학, 공간, 신체 운동, 인간 친화, 자기 이해, 자연 친화'라는 독립된 8개의 지능 영역을 갖고 있는데, 각자의 지능에서 강점을 개발하고 약점을 보완하면 잠재력을 최대한 발휘할 수 있다고 주장합니다.

만의 맞춤형 학습 전략을 위해서는 우리 아이 학습 스타일과 편하게 학습하는 방법인 학습 통로를 찾고 계발해야 합니다.

우리가 뭔가를 잘하려고 할 때는 두 가지의 방법이 있습니다. 장점을 극대화하는 방법과 단점을 보완하는 방법입니다. 초보일수록 장점을 극대화하는 방법을 쓰는 게 좋습니다. 자신의 장점을 극대화하여 자신감을 얻고, 타인의 칭찬을 받으며 자존감을 높여 주는 시기가 필요합니다.

숙련도가 높을수록 단점을 보완하는 방법이 좋습니다. 단점을 보완하기 위해서는 여러 번의 실패를 경험할 수도 있는데, 장점을 통한 성공의 기회를 많이 얻은 사람들은 여러 번 실패하더라도 자책하지 않고 성찰의 기회로 만들 수 있습니다.

학습 스타일도 그렇습니다. 나이가 어리거나 학습이 부족한 학생일수록 자신의 학습 스타일에 들어맞는 맞춤형 학습이 필요합니다. 시각적 학습자는 그림과 그래프, 이미지로 학습합니다. 청각적 학습자는 연설이나 강의를 통해 학습하고, 언어적 학습자는 여러 번 반복해서 쓰고 읽으면서 학습합니다. 신체적 학습자는 실행, 탐구, 만들기 등과 같은 내용으로 하면 더 쉽고 빨리 익힐 수 있습니다.

그러나 학습에 대한 자신감이 쌓일수록, 더 다양한 학습 스타일도 익혀 보면 좋습니다. 모든 학습이 우리 마음에 들 수는 없는 것처럼, 다른 유형의 학습 스타일이 필요할 때도 있습니다. 자신만의 학습 스타일을 갖는 것도 좋지만, 때로는 다양한 방법으로 배울 줄 아는 유연성도 함께 지니면 좋겠습니다.

1단계 노는 모습으로 학습 스타일 알아보기

흥미와 필요는 학습의 시너지를 높일 뿐만 아니라 학습이 이루어지는 원동력 이기도 합니다. 우리 아이는 어떤 영역에 흥미를 갖고 있는지 체크해 봅시다.

아이에게 특정한 장난감이나 놀이 방법을 선택하도록 지시를 내리거나 간섭하 지 않습니다. 노는 모습을 그저 지켜보다가 아이의 관점과 성향에 맞춰 부모도 함께 놀아주면서 노는 스타일을 자연스럽게 파악할 수 있습니다.

다만 아이들의 놀이 형태는 한 가지만 지속되어 나타나지는 않습니다. 그렇기 때문에 아이가 주로 선호하고 자주 하는 놀이에 주목할 필요가 있습니다.※

※ 김미라, 신유림, 「유아의 성별에 따른 놀이행동 군집별 유아교육기관 적응 및 문제행동 차이분석」, 「육아 정책연구」, 제11권 제1호, 2017.
조은옥, 「유아의 기질에 따른 놀이성향과 놀이 행동에 관한 연구」, 수원대학교 교육대학원, 2002.

노는 스타일		연관된 학습 스타일
그림을 그리거나 낙서 등 시각적 이미지를 사용하여 놀기를 좋아함.		시각적 스타일
책 읽기를 좋아하거나 메모, 글쓰기 등을 좋아함.		언어적 스타일
다른 사람의 이야기를 주로 듣거나 음악 등 소리에 민감하고 즐기는 편임.		청각적 스타일
물건을 조작하거나 만드는 활동, 신체적 표현 활동이나 체육 활동 등을 좋아하는 편임.		신체적 스타일
주로 혼자 또는 소수의 모임을 즐기거나 혼자 하는 일에 편안함을 느낌.		독립적 스타일 (개별성)
항상 어울려 다니기 좋아하고, 여럿이 협력하여 일을 해결하는 것을 좋아함.		협동적 스타일 (집단성)

내용

2단계 학습 스타일별 학습 통로 찾기

학습 스타일을 여러 가지 양상 중 비교적 두드러지게 나타나는 시각적, 언어적, 청각적, 신체적 스타일, 그리고 사회성에 따라 독립적 스타일과 협동적 스타일로 구분하였습니다. 물론 더 다양한 학습 스타일이 있을 수 있습니다.

학생들의 각자의 학습 스타일별 학습 통로를 찾아주면 좋습니다. 처음에는 잘 쓰는 학습 통로를 더 강화시켜주고, 점점 익숙해질수록 낯선 스타일도 보완해주는 것이 바람직합니다.

정도의 차이가 있으나 모든 학습자는 모든 통로를 가지고 있습니다. 안 쓰던 기술이라 낯선 것일 뿐, 천천히 부모님과 도전해보면 그 방법도 익숙해질 수 있습니다.

학습 스타일	특징		학습 통로
시각적 스타일	이미지, 공간 이해, 마인드 맵, 그림 등으로 학습하는 것을 좋아함.	➡	시각적인 이미지를 통해 무언가를 배울 때 뇌에서 정보를 가장 잘 처리할 수 있음.
언어적 스타일	글을 쓰거나 메모하고 요약하는 것을 좋아함.	➡	공책 정리를 잘하고, 글을 요약하는 활동을 잘함. 여러번 쓰면서 내용을 외우면 효과가 큼.
청각적 스타일	알고 있는 사실을 누군가에게 설명하려고 함. 내용을 외울 때 입으로 소리내어 되뇌이는 경우가 많음.	➡	배운 것을 설명하게 하거나 묻고 답하게 하고, 무언가를 외울 때 리듬을 활용하는 것도 좋음.
신체적 스타일	어떤 물체를 만지거나 만들기, 때로는 몸 전체를 활용하는 것을 즐겨함.	➡	운동 기억이 뛰어나며, 직접 만지고 느끼면서 학습하면 효과가 높음. 질감 등 주변 환경의 물리적 측면에 관심을 느끼고, 무언가를 설명할 때도 손을 많이 쓰는 등 몸을 움직이는 활동이 효과적임.
독립적 스타일	내적인 성향이 강하여 혼자 학습하거나 일하는 것을 좋아함.	➡	무언가를 생각하고 판단할 때에도 혼자 하는 것이 효과가 높아 개별 수준 과제 등을 제시해 성취하도록 함.
협동적 스타일	다른 사람들과 함께 활동하기를 즐기고, 일의 시너지 효과가 있음.	➡	그룹 프로젝트를 활용하면 흥미를 느껴 더 많은 것을 배우는 유형으로, 다른 사람들과 교류하며 아이디어를 공유하는 방법이 효과적임.

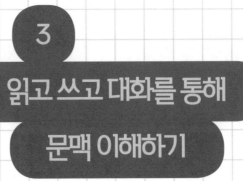

3

읽고 쓰고 대화를 통해

문맥 이해하기

우리 아이가 어리다면 가장 기본적인

읽기, 쓰기, 말하기 전략부터 채워주세요.

문해력은 사고의 뿌리입니다.

Q 아이가 수업 중에는 어느 정도 잘 따라오는 편인데,
혼자 문제를 풀게 되면 잘 해결하지 못합니다.
어떤 부분이 채워져야 할까요?

A 읽은 다음 해석하는 문해력이 부족할 수 있습니다. 문해력이 부족한
아이는 단순한 숫자로 된 문제는 잘 해결하지만, 문장으로 된 경우는
어려워할 수 있습니다. 생활 속에서 문해력을 길러줄 수 있는 학습법
이나 전략이 필요합니다.

> **첫 번째 문제** 3 + 5 = (   )
>
> **두 번째 문제** 우리 집 냉장고에 사과 3개와 복숭아 5개가 있습니다.
> 냉장고에 있는 과일은 모두 몇 개입니까?

둘 중 학생들이 선호하는 문제는 무엇일까요? 아마 첫 번째 문제일 것입니다. 두 문제의 정답은 모두 '8'이지만, 첫 번째 문제의 정답률이 훨씬 높습니다. 학생들은 문장형으로 되어 있는 두 번째 문제가 해석해야 할 내용이 더 많아서 어렵다고 느끼기 때문입니다.

첫 번째 문제는 '+'의 의미만 이해하면 풀 수 있습니다. 하지만 두 번째 문제는 사과와 복숭아가 과일이라는 것을 알고, '모두'라는 단어의 의미를 이해해야 '+'라는 연산 기호로 바꿀 수 있습니다. 한마디로 문해력의 차이에 따라 덧셈은 할 수 있으나 문장형 문제를 풀지 못하는 경우가 생긴다는 말이지요.

문해력을 길러주기 위해 읽기, 쓰기, 말하기 학습 전략이 필요합니다. 내용을 읽고 그것을 쓰거나 말하는 등 나만의 언어로 표현할 수 있게 한다면 문해력은 자연스럽게 길러질 것입니다. 그리고 자신이 이해한 내용을 다른 사람에게 설명하다 보면 완전 학습의 효과까지 얻을 수 있습니다.

'읽기'라고 하면 당연하게 책이 떠오르겠지요? 저는 책을 읽는 것도 중요하지만 글자가 없거나 적은 그림책을 먼저 읽는 것을 추천합니다. 글이 없는 그림책을 읽으며 그 속에 숨겨진 내용을 자신이 만들어낼 수 있게 하는 것이 문해력을 기르는 데 좋다고 생각합니다. 특별한 정답이 없기에 다양한 해석을 해낼 수 있는 힘을 기를 수 있습니다.

그림책을 읽은 후에는 생각을 적거나 말할 수 있는 기회를 주세요. 이런 기회를 통해 자연스럽게 자신이 이해한 것이나 생각을 표현하게 됩니다. 이런 작은 표현들이 모인다면 학습 자신감이 높아지고 주어진 것을 해석하는 힘이 길러지게 될 것입니다.

글보다는 말이 먼저입니다. 아이들은 말을 생활 속에서 꾸준히 사용하고 있습니다. 아이들의 말을 먼저 들어보세요. 그 말의 의미를 하나씩 차근차근 찾아가게 도와주세요. 말한 것을 쓸 수 있는지, 말한 것을 글자로 적었을 때에 읽을 수 있는지를 먼저 확인해 보는 것이 중요합니다.

아이들이 배우는 단어와 문장이 일상생활과 거리가 먼 경우가 많습니다. 문해력이 부족하거나 글 읽기가 잘 되지 않는 경우에는 생활 문장을 쓰는 것부터 시작하세요. 매일 쓴 한 문장씩의 생활 문장을 받아쓰기와 연계시키는 것도 학생들에게 문해력을 길러주는 좋은 전략이 될 것입니다.

일기 쓰기를 어려워하는 아이들도 생활 문장을 쓰고 발표하면서 자연스럽게 문장력이 길러집니다. 생활 문장을 쓸 때에 부모님들도 함께 문장을 만들어 아이에게 들려주면 효과가 더 큽니다. 가정 학습의 출발점은 부모님과 함께하는 것에서부터 시작됩니다.

아이들만의 생활 속 그림책을 만들어보는 활동도 아주 좋습니다. 백지 그림책에 직접 그림을 그리고 글로 정리해내는 순간, 자신을 표현할 수 있게 될 것입니다. 좋은 그림책, 새로운 그림책도 아이들에게 좋은 자료이지만, 자신이 만든 하나뿐인 그림책은 더욱 귀한 추억과 학습이 됩니다. 아이의 행복한 표정이 벌써부터 그려집니다.

마지막으로 놀이 속에서 아이들이 읽고 쓸 수 있도록 해야 합니다. 숨은 그림 찾기에서 자신이 찾은 것을 단어로 쓰게 하거나 숨은 그림 찾기에서 찾은 단어들을 활용해 이야기 만들기 등을 할 수 있습니다. 일상생활에서 간단한 일도 적절한 언어로 표현해보는 말놀이, 글놀이를 통해 언어생활이 풍부해질 수 있습니다.

우리 아이들에게 글을 읽는 즐거움과 자신의 생각을 표현해야 하는 이유를 배울 수 있는 다양한 기회를 제공해주세요. 생활 속 모든 장면들이 문해력 향상을 위한 소중한 자료입니다.

읽기 수업 전, 아이의 읽기 발달 단계 이해하기

자모 이전 단계

이 단계에서 아이들은 글자를 덩어리로 이해해서 그림으로 인식합니다. 주변에서 자주 접하는 간판, 아침마다 마시는 우유팩에 적혀 있는 '우유'라는 글자, 좋아하는 그림책에 나오는 동물 이름과 같은 글자는 읽을 수 있지만, 다른 곳에 적혀 있으면 같은 글자라도 읽지 못하는 단계입니다. 보통 취학 이전 아이들에게서 나타납니다.

부분적 자모 단계

음절의 개념을 알게 되는 시기입니다. '호랑이'라는 글자가 하나의 덩어리가 아니라 3개의 글자로 이루어져 있다는 것을 이해하게 됩니다. 이 시기에는 '호랑이'의 첫 글자인 '호'를 이해하여 읽을 수 있습니다. 그래서 '호박꽃', '호리병', '호수'와 같은 단어들도 '호랑이'로 읽게 되는 것입니다. 이는 '호랑이'의 '호' 자를 안다고 해서 '랑' 자와 '이' 자를 알고 있는 것은 아니라는 증거입니다. 첫 글자 뒤에 있는 글자들은 예측해서 읽게 됩니다.

자모 단계

글자를 한 글자씩 읽을 줄 알고 자소와 음소의 대응 규칙을 알게 되는 시기입니다. 초등학교 입학 무렵이 되면 대부분의 아이들은 이 단계까지는 이르게 됩니다. 이 시기에 아이는 '호랑이'를 '호, 랑, 이'라고 한 글자씩 읽을 줄 알게 됩니다. 소리 하나에 글자 하나가 대응된다는 것을 이해하게 되기 때문에 '호랑이'와 '호수'와 같은 경우에는 같은 글자로 시작해도 글자 수가 달라서 다른 것을 이해합니다. 이 시기에는 아이가 음절 단위로 이해하기 때문에 '호–랑–이'라고 읽은 다음, '호랑이'라고 이해합니다.

통합적 자모 단계

초등학교 2, 3학년이 되면 대부분의 아이들은 통합적 자모 단계에 이릅니다. 이 단계에서 아이들은 한 글자씩 읽기보다는 단어 단위로 읽어 나가기 때문에 읽는 속도가 훨씬 빨라지지요. 통합적 자모 단계에서는 글자가 3개인 것과 함께 글자를 덩어리로 생각할 수 있게 됩니다. 이 시기가 되어야 비로소 아이들에게 띄어쓰기를 이해시키고 지도할 수 있습니다.

자동적 자모 단계

아이들이 글을 읽을 때 시각을 이용해 왼쪽에서 오른쪽으로 읽는다는 것을 알게 됩니다. 한 글자씩보다는 단어 또는 문장 단위로 읽어 나갑니다. 읽기가 유창한 사람일수록 문장 단위로 빠르게 읽습니다. 해당 단계에서는 익숙하지 않은 단어도 힘들지 않게 읽어 나갈 수 있어 읽기가 완성되는 시기라 할 수 있습니다.

출처: 『읽고 쓰지 못하는 아이들』(홍인재, 에듀니티, 2017)

아이의 생각을 키워줄 수 있는 추천 그림책

아이들은 본능적으로 그림책을 좋아합니다. 그림책을 보고 상상한 내용을 자유롭게 말할 수 있습니다. 글밥이 많거나 어려운 그림책보다는 아이에게 '나도 이 정도는 읽을 수 있어!'라는 자신감을 주는 쉬운 그림책으로 시작하여 생각을 키워주는 것이 중요합니다. 글자 없는 그림책을 읽어 내려가는 것도 좋습니다.

	『눈』(이보나 흐미엘레프스카 지음, 창비) · 그림과 짧은 문장으로 이루어진 그림책입니다. · 아이의 상상력을 자극하고, 호기심을 풍부하게 만들어 줍니다. · 다음에는 어떤 모습이 나올지에 대해 질문하면서 읽어 내려가면 좋습니다.
	『내 마음 ㅅㅅㅎ』(김지영 지음, 사계절) · 'ㅅㅅㅎ'으로 이어진 마음의 단어들을 따라가며 다양한 감정에 대해 이해하하면서 되고 결국 나의 감정을 이해하게 됩니다. · 아이들은 어떤 마음이나 감정을 생각할 수 있을까요? · 책을 읽은 후에 다른 초성들을 제시하여 감정이나 주변에 있는 사물들을 찾아가는 활동으로 발전시킬 수 있습니다.
	『똑똑한 그림책』(오니시 사토루 지음, 뜨인돌어린이) · 단순하고 반복되는 질문이지만 그 질문을 따라가다보면 나도 모르게 똑똑해지는 것 같은 느낌이 드는 그림책입니다. · 관찰력, 기억력, 사고력을 높여주면서도 쉽게 접근할 수 있습니다. · 아이들이 세상을 좀 더 집중해서 살피는 힘을 키워줍니다.
	『아빠 얼굴』(황 K 지음, 이야기꽃) · 아이들이 부모님과 가족에 대해 조금 더 고민하고 생각하게 만들어주는 그림책입니다. · 늘 보는 부모의 얼굴, 아이들은 잘 기억하고 있을까요? 이 그림책을 함께 읽고, 가족의 얼굴을 서로를 그려 봅니다.
	『틀려도 괜찮아』(마키타 신지 지음, 토토북) · 다른 그림책들에 비해 글이 조금 많은 편이라 통합적 자모 단계에 도달한 아이들이 읽으면 좋은 그림책입니다. · 아이들과 함께 공부하기 전에, 또는 초등학교에 막 입학한 아이, 틀리는 것을 두려워하는 아이에게 모두가 틀리면서 답을 찾아가는 것이니 '틀려도 괜찮다'고 자신감을 가질 수 있게 하는 책입니다.

4 학습 완급 조절, 평상시와 시험기간 학습 전략 알아보기

우리 아이 쉴 때는 더 행복하고,

공부할 때는 더 열심히 하도록 해주세요.

평소와 공부할 때를 구분하는 것부터 시작해봅시다.

Q 시험이 끝났다고 마냥 놀기만 하는 것 같습니다.
이대로 두어도 되는지 살짝 불안한 마음이 생깁니다.
좋은 방법이 없을까요?

A 학습에도 완급 조절이 필요합니다. 시험기간과 평상시는 학습 전략
도 달라야 합니다. 당연히 속도도 다릅니다. 시기별 학습 전략을 함께
살펴봅시다.

10km 단축 마라톤을 뛴 적이 있습니다. 그날은 일요일이었습니다. 같이 뛴 친구에 맞춰 죽어라 뛰었습니다. 한 번도 쉬지 않고 완주하였습니다. 시간이 50분 정도 걸린 것 같습니다.

후유증은 다음 날 찾아왔습니다. 뒤꿈치도 다 벗겨지고 제대로 걷지를 못했습니다. 바로 눈치채신 교감 선생님께 혼은 났지만, 감사한 배려로 물리치료도 받고 휴식을 취할 수 있었습니다.

마라톤에서 알 수 있듯 학습에도 완급 조절이 필요합니다. 그 순간만 생각하면 최선을 다하는 것이 맞습니다. 하지만 모든 순간이 탁월함을 빛내야 할 때가 아닙니다. 어떨 때는 잘 쉬는 것도 멀리 가기 위한 도약의 시간입니다.

평상시의 학습 전략과 시험기간의 학습 전략은 달라야 합니다. 평상시는 10km 마라톤을 하더라도 쉬면서 달려야 합니다. 지치지 않는 게 더 중요합니다. 그러면서 느린 걸음이라도 제대로 된 방향으로 걷고 있는지 확인하는 것이 핵심입니다.

학교에 있을 때는 수업에 집중하는 것이 전부입니다. 선생님이 잘 보이는 자리에 앉아 눈을 마주치고 고개를 끄덕이는 것부터 가르쳐주세요. 그리고 공감 가는 내용이나 동의하는 내용이 있으면 필기를 하면서 듣는 방법을 알려주면 좋습니다.

평상시의 집이라면 방향만 맞으면 됩니다. 꿈을 설정하고 꿈을 실현하기 위해 오늘 할 수 있는 것들을 하면 됩니다. 다만 너무 달리듯이 하는 게 아니라 완급 조절, 중용의 미덕을 빛내 쉼을 챙기면 좋습니다.

다양한 장르의 책 읽기, 마인드맵 등으로 복습하기, 문제지로 내가 아는지 모르는지 확인한 후 모르는 내용이 있으면 오답노트나 해설을 보며 점검하기, 필요하다면 EBS 교재 더 공부하기 등이 있습니다.

시험기간 학습 전략은 다릅니다. 시험은 온전히 그 순간에 집중해야 합니다. 100m 달리기하듯 달려야 합니다. 시험 전과 시험 중, 또 시험 후가 다릅니다. 각각 따로 준비할 필요가 있습니다.

시험 전에는 실현이 가능한 계획표를 작성합니다. 외워야 되는 과목이 있으면 어느 정도로 분량을 나누면 좋을지 정합니다. 이때, 앞서 기록해놓은 학습 기록지가 있으면 더 효과적입니다. 어떤 과목 뒤에 어떤 과목을 공부하는 게 더 공부가 잘되는지 미리 알고 있으니 그대로 반영하면 됩니다.

시험이 시작되기 직전이라면 마음가짐을 평온하게 합니다. 명상도 좋습니다. 숨을 들이마시고, 또 들이마시고, 멈춘 뒤, '스~' 하며 천천히 내뱉는 간단한 호흡 명상을 합니다. 바깥에 쏠려있던 주의나 관심을 오롯이 나에게 집중합니다.

숨에 색깔을 입히면 더 선명합니다. 몸속 어디까지 숨이 들어가고 나가는지 바라보면 좋습니다. 평온하게 내가 걸어왔던 준비의 시간을 들여다봅니다. 내가 충분히 땀을 흘렸고 이 순간을 위해 노력했다면 그것만으로도 충분합니다. 이 시험이 말하는 점수가 내 모든 것을 평가하지는 못합니다.

문제를 푸는 과정에도 검토가 필요합니다. 출제자가 된 것처럼 문제를 들여다봅니다. 그리고 문제마다 아는 정도에 따라 동그라미, 세모, 별표로 표시해봅니다. 시간이 남는다면 모르겠지만, 시간이 부족하다면 동그라미 친 부분은 다시 확인하지 않아도 됩니다.

시험이 끝나면 무얼 더 하기보다는 우선 쉬는 게 좋습니다. 자기의 행복 에너지를 채우고, 몸을 잘 이완시키는 방법을 아는 것도 정말 중요합니다. 쉬는 것도 기술입니다. 잘 쉬고, 자기를 돌아보는 평가를 합니다.

사실 남이 평가하는 것보다 자기가 자기를 평가하는 게 맞습니다. 시험이라는 것도 내가 나를 평가하는 데 쓰는 도구일 뿐입니다. 우리는 어제보다 한 걸음만 더 나은 내가 되면 됩니다. 남과 비교하는 게 아니라 나와 비교하는 게 맞습니다.

그래야 100m 달리기가 아니라 마라톤을 할 수 있습니다. 여담이지만, 저도 이제 하프마라톤까지는 뛸 수 있습니다. 사실 반은 걷는 거지만 뭐가 중요하겠습니까. 더 중요한 인생 마라톤도 잘 즐기고 있습니다. 제대로 갈 수 있는 학습 완급 조절, 우리 아이에게 차근차근 코칭해주시기 바랍니다.

☆ 1단계 평상시 학습 전략

학교에 있을 때

1 듣기 3단계를 숙지하기

그 자리에서 들리기만 하면 1단계입니다. 눈을 마주치며 집중을 하면서 들으면 2단계입니다. 마음까지 들으면 3단계입니다. 공감을 하며 고개를 끄덕이기도 하고, 몸도 말하는 사람 쪽으로 완전히 향해 있습니다. 학교에서 어떤 모습으로 듣고 있는지 이야기를 나눠봅니다.

2 필기하는 방법 알기

'자기주도학습' 편에서 공책 정리법이 나옵니다. 공책 정리에 익숙한 학생이 공부를 어려워하는 경우는 보지 못했습니다. 공책 정리의 달인은 실시간 정리도 잘합니다. 선생님이 수업하는 내용을 적절히 적으며 들을 수 있게 해주세요.

집에 있을 때

1 다양한 장르의 책 읽기

· 간단히 표를 만들어 책 한권을 읽을 때마다 스티커를 붙입니다.
· 표를 모두 채우면 미리 약속한 보상을 합니다.

		○		
○	○	○		○
○	○	○	○	○
시	소설	학습 만화	수필-에세이	정보 전달

② 마인드맵 등 생각 틀로 정리하기

· 학교에서 배운 내용을 복습합니다.

· 자세한 생각 틀은 '자기주도학습' 편에서 이야기합니다.

③ EBS, 온학교 등 더 배울 내용 찾아보기

꿈이라는 방향이 설정되었다면 그 방향에 오늘의 노력을 더합니다.

④ 행복 리스트 만들기

어떤 행동을 하면 우리 아이가 행복 에너지를 얻는지 살펴주세요. 예를 들어, 저는 새우깡과 맥주 1캔이 행복 에너지 1점입니다. 뜨거운 물에 몸 담그기가 행복 에너지 1점이고, 등산이 행복 에너지 2점입니다. 어떤 쉼이 행복감과 잘 쉬었다는 느낌을 주나요? 부모님과 우리 아이만의 행복 리스트를 만들어 보세요.

> **예시** 행복 리스트
> • 유튜브 30분 시청 – 행복 에너지 1점
> • 15분 가벼운 산책 – 행복 에너지 1점
> • 자전거 20분 – 행복 에너지 2점
> • 맛있는 치킨 – 행복 에너지 2점
> • 여행 – 행복 에너지 3점

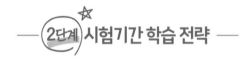

─ 2단계 시험기간 학습 전략 ─

시험 전

① 실현 가능한 계획표 짜기

· 시험 당일 날까지 며칠이 남았는지 적습니다.

· 공부할 수 있는 시간을 계산해서 공부할 분량을 나눕니다.

· 계획의 핵심은 '여지'입니다. 어떤 사정으로 시험 공부를 못할 경우를 대비해서 못한 부분을 채울 시간을 확보합니다. 예를 들어 월, 화, 수, 목, 금요일에 각각 30쪽 공부하기로 하였으면, 토요일은 비워두고 못한 부분을 채우는 날, 일요일은 쉬는 날로 정해놓습니다.

② 실천

· 계획하는 '나'가 공부 계획을 세웠다면, 실천하는 '나'가 공부를 합니다.

· 공부를 하는 '나'가 열심히 공부를 할 때, 계획하는 '나'는 계획하는 것을 잠시 멈춰야 합니다.

시험 중

① 마음가짐

· 명상을 합니다. 호흡명상, 몸 감각 집중하기, 긴장–이완 기법 등 다양한 명상이 있습니다. 평소에 자주 했던 명상을 합니다.

· 다음 과목 시험을 치고 있는 중에는 이전 과목은 잊습니다.

② 문제 풀이 기술

· 문제를 풀고 나서 문제마다 ○, △, ☆ 등의 표시를 합니다. 동그라미는 맞을 확률이 높은 것, △는 헷갈리는 것, ☆는 나중에 풀 문제입니다. 시간이 부족하다면 가장 시급한 순서대로 해결합니다.

· 다 풀고 나서 검토합니다. 출제자가 된 듯이 문제의 의도를 다시 보고, 쉽다고 생각한 것도 실수한 것은 없는지 살펴봅니다.

시험 후

① 잘 쉬기

· 앞서 작성한 행복 리스트를 활용하면 좋습니다.

② 자기평가

· 어제의 나보다 '오늘의 나'가 한 걸음이라도 더 나아졌는지 확인합니다.

· 내 노력과 실천 등을 더불어 평가합니다.

· 좋았던 점과 아쉬운 점, 앞으로 해야 할 것 등을 정리합니다.

4장

느리게
스며드는
공부 정서
키우기

학습을 지속하는 힘은 모두 공부 정서에 있습니다.

자기를 좋은 사람이라고 평가할 수 있는 자존감,
실패해도 아직 과정일 뿐이라며 다시 도전할 수 있는 회복 탄력성.

자기 조절과 학습 동기 모두 아주 중요한 정서 지능입니다.

마음 상하지 않게 행동을 고쳐주는 법도 살펴보세요.

우리 아이가 공부하면서 행복했으면 좋겠습니다.

1

공부 정서를 키우는
세 가지 방법

조금 하기 싫어도 해야 하는 일이 있고
너무나 하고 싶지만 하면 안 되는 일도 있습니다.
자기 조절 능력과 공부 정서를 키워주세요.

Q 아이가 좋아하는 일은 집중도 잘하고 몰입해서 하는데,
싫어하는 일은 손도 안 대려고 합니다.
어떻게 지도하는 게 좋을까요?

A 모든 사람들은 자기가 좋아하는 일은 열심히 합니다. 너무 몰입한 나
머지 다른 사람이 부르는 것도 모를 수 있습니다. 그런데 조금 하기
싫어도 해야 하는 일이 있고, 너무나 하고 싶어도 하지 않아야 하는
일도 있습니다. 사실 공부에만 해당되는 것이 아닙니다. 우리 아이 삶
에 필요한 조절 능력과 연관이 깊습니다.

정서가 무엇일까요? 국립국어원 『표준국어대사전』에서 살펴보면, 정서란 '사람의 마음에 일어나는 여러 가지 감정. 또는 감정을 불러일으키는 기분이나 분위기'라고 정의하고 있습니다. 그러나 학습과 관련된 내용을 말할 때 정서는 조금 더 복잡한 의미를 가지고 있습니다.

학습 상황에서 정서란, 개인의 생존과 적응에 필수적인 것으로 자신의 경험을 이해하고 의미를 부여하는 데 관여하며, 달성하고자 하는 목표에 따라 자신의 상태를 판단하고 행동을 추동하는 에너지의 역할을 합니다.[※]

위의 정의에서 알 수 있듯이, 학습이라는 상황을 경험하고 이겨내고, 목표를 달성하는 데 정서는 아주 중요하다는 것을 알 수 있습니다. 그래서 이 장에서는 공부와 관련한 다양한 정서 중에서도 흥미와 자아 효능감, 불안, 조절과 관련된 내용을 살펴보고자 합니다.

교사들이 단위 시간 동안의 수업의 흐름을 짜놓은 수업 지도안을 살펴보면 가장 먼저 나오는 단계가 동기 유발입니다. 특히 학생 중심형 수업에서 교사는 수업의 첫 단추로 어떻게 동기 유발을 잘해 학생의 흥미를 수업의 시작부터 끝까지 가지고 갈 수 있을까 하는 것을 늘 고민합니다.

그러나 한 학급에서 같이 공부하는 학생들의 수가 많고, 각자가 가지는 관심사가 다르기 때문에 모든 아이의 흥미를 맞추는 것은 굉장히 어렵습니다. 그래서 교사는 학생들의 이야기를 수업의 소재로 쓰거나, 학생들의 삶과 관련된 내용으로 구성하여 흥미를 유발하고 유지시킵니다. 혹은 실제 생활에서 일어나는 일을 동기 유발로 쓰기도 합니다.

※ 김민성, 「학습 상황에서 정서의 존재: 학습 정서의 원천과 역할」, 『아시아교육연구』, 제10권 제1호, 2009.

그러나 집에서 하는 공부와 수업 시간에 하는 공부는 차이가 있습니다. 집에서는 어떤 공부를 주로 하나요? 새로운 내용을 배우고 탐구하나요? 아닙니다. 집에서는 예습과 복습 중심으로 공부를 합니다. 국어 공부를 위해서 시를 쓰거나, 수학 공부를 하기 위해 구체물을 통해 배우거나, 사회 토론 학습이나 과학 실험을 하지는 않습니다.

그래서 학생들, 특히 초등학생들에게는 학습에 대한 흥미를 자아 효능감을 높이는 데 쓰일 수 있도록 하는 게 좋습니다. 자아 효능감은 구체적인 상황에서의 자신감이라고 볼 수 있으며, 자기 가치에 대한 평가 결과로 얻어지는 자존감과는 구별됩니다.[*]

자아 효능감이 높을수록 도전적인 과제를 좋아하고, 실패하더라도 자신의 능력 부족이라기보다 노력 부족으로 여겨 또다시 해내고자 하는 마음이 크기 때문에 학업 성취도에 큰 영향을 줍니다. 한마디로 회복 탄력성이 높습니다.

여기 공룡을 엄청 좋아하는 어린아이가 있습니다. 그 어려운 공룡 이름을 어찌나 잘 외우는지 모릅니다. 브라키오사우루스와 아르젠티노사우루스가 어떻게 다른지, 어느 시대 공룡인지 모르는 사람들이 많지만, 이 아이는 너무나 잘 알고 있습니다.

이렇게 어려운 공룡 이름을 어떻게 외웠을까요? 아이가 좋아하기 때문입니다. 공룡 학습에 흥미가 있기 때문입니다. 이런 흥미가 학습 성취라는 성공 경험을 통해 자아 효능감을 높여줍니다.

※ 김아영, 「자아효능감과 학습 동기」, 『교육방법연구』, 제16권 제1호, 2004.

어려운 학습 경험보다는 하루 한 장씩 문제집 풀기, 책 읽기, 단어 하나 외우기, 한자 하나 외우기 등으로 쉽게 해결할 수 있는 과제를 주고 많은 성공 경험을 쌓을 수 있어야 합니다. 이렇게 이뤄낸 성공 경험이 더 어려운 과제 해결을 위한 밑거름이 될 것입니다.

두 번째로 알아볼 공부 정서는 불안과 관련된 내용입니다. 저의 경우에는 불안이 높습니다. 겁도 많고 걱정과 고민이 많아서 불안감과 초조함을 자주 경험합니다. 그래서 남보다 더 열심히 노력하는 편입니다.

제가 스쿠버다이빙을 배울 때입니다. 스쿠버다이빙을 하는 동안 저를 불안하게 만든 요소가 두 가지 있습니다. 첫 번째는 제 자신에 대한 믿음 부족이었습니다. 한 번도 해보지 못한 18m의 깊은 바다에 들어가는 게 너무 겁이 났습니다. 제 자신이 잘 못하는 것은 괜찮았는데, 제가 실력이 부족해서 같이 바다에 들어가는 강사님이나 버디(다이빙 동료)에게 피해를 줄까 봐 걱정을 많이 했습니다.

그리고 두 번째 불안 요소는 다이빙에 대한 정보 부족이었습니다. 몇 시에 다이빙을 시작하는지, 몇 분 정도 하는지, 다이빙 포인트가 어떻게 되는지 등 아무것도 알지 못하는 상황이 너무 불안했습니다.

단지 이 두 가지 때문에 다이빙을 가기 전에 잠도 거의 자지 못하고, 식사도 거의 하지 못했습니다. 그럼 저는 어떻게 이 두 가지 불안 요소를 제거할 수 있었을까요?

첫 번째 불안 요소를 없애기 위해 열심히 공부하고 연습했습니다. 보트 딥PBC 다이빙 방법을 인터넷으로 검색해보고, 교재도 열심히 찾아보았습니다. 그리고 바다에 나가기 일주일 전부터 다이빙풀장에서 강사님과 계속 연습했습니다. 강사님께서 매일 연습할 내용을 정해주시면, 버디와 함께 계속 연습하며 행동을 수정했습니다.

두 번째 불안 요소를 없애는 방법은 쉬웠습니다. 바로 강사님 덕분이었습니다. 제가 독서나 공부만으로는 없앨 수 없던 불안함을 강사님 덕분에 차츰 지워낼 수 있었습니다. 제가 느끼는 불안함을 공감하고 응원해주셨기 때문입니다.

강사님의 자세한 설명 덕분에 저는 머릿속에서 다이빙의 시작과 끝을 시뮬레이션하면서 첫 번째 탐험을 준비했습니다. 그리고 강사님의 한마디! "제가 경험이 많아요." 다이빙 코칭 경험이 많다는 그 한마디에 마음이 편안해졌습니다.

제 경험에서 알 수 있다시피 적정량의 불안은 학습에 동기를 부여하여 좋은 영향을 끼칩니다. 그리고 학습코칭을 통해서도 불안을 낮출 수 있습니다. 다이빙 강사님처럼 긍정적이고 믿음이 담긴 한마디를 아끼지 마세요. 그런 다음 부단한 연습 버디가 되어 주세요.

여기에 더해서 부모님의 불안을 자녀에게 전이시키지 않으면 됩니다. 여기, 일곱 살 아이가 있습니다. 유치원을 가기 싫어서 부모님 애를 태웁니다.

"너 초등학교 가서도 이렇게 할래?" 아이는 단지 유치원을 가기 싫었을 뿐입니다. 그럼에도 불구하고 부모님은 '초등학생이 되어서도 학교에 가기 싫어하면 어떡하나?' 하는 자신의 걱정과 불안을 아이에게 전이시키고 있습니다.

물론 자녀의 미래에 대해 걱정하는 것은 부모 입장에서는 당연한 의무입니다. 하지만 아이는 지금 이 순간을 살고 있을 뿐입니다.

걱정되고 불안하면 연습을 시키세요. 학습클리닉센터에서 학습코칭을 받는 학생 한 명이 자기 반에서 새로운 글이 나올 때마다 번호 순서대로 국어책 읽기를 시켜서 걱정이라고 했습니다. 그럼 어떻게 해야 할까요? 미리 연습을 해야 합니다. 학습코칭 선생님과 함께 읽고 연습하세요.

그리고 학습 평가 결과보다는 내용을 이해하는 데 의미를 두는 게 좋습니다. 영어 단어 평가에 두려움을 갖는 학생이 있습니다. 이 학생은 뭐가 두려울까요? 낮은 점수를 받는 게 두려울 겁니다. 하나도 못 쓰는 것을 두려워 할 것입니다.

이런 친구는 100점이라는 정해진 점수보다는 자신이 받을 수 있는 점수를 스스로 정하는 게 좋습니다. 100점 맞는 게 중요한 게 아니라, 30점이라는 스스로 정한 점수를 받을 수 있도록 노력하는 것이 중요하고, 틀린 내용은 왜 틀렸는지 정확하게 피드백을 주는 게 좋습니다.

만약에 학습코치나 부모님께서 학생이나 자녀의 불안을 도대체 어떻게 해야 하는지 모르겠다고 생각이 들 정도라면 전문가의 도움을 받기를 추천드립니다. 어떤 상황이든지 아이에 대해 정확히 알고 우리가 대처할 수 있다는 것도 큰 축복이 될 수 있습니다.

세 번째로 알아볼 공부 정서는 조절과 관련된 내용입니다. 학교에서도 감정 조절을 못하는 학생들, 부적절한 언어나 행동을 조절하지 못하는 학생들, 주의 집중을 못하는 학생들이 많습니다.

먼저 말씀드립니다. 우리 아이가 ADHD*일지도 모른다는 의심을 하고 계신가요? 그럼 전문가의 도움을 받으세요. 빠르면 빠를수록 좋습니다.

스스로 알아보고 싶으시면 전문가에게 상담을 받고 난 후 책을 추천받으세요. 저는 전문가와의 상담과 전문서적이 인터넷상의 정보보다 훨씬 믿을만하다고 생각합니다.

자기 감정을 조절하는 법도 배워야 합니다. 나쁜 감정이란 없습니다. 그런데 내 가슴속에서 나오는 감정이 무엇인지 알고 표현하는 것은 배워야 합니다. 감정 카드를 보면 어른들도 이게 어떤 감정인지를 설명하지 못하는 것도 있습니다. 어른도 그럴진대, 자신의 감정이 어떤 감정인지 잘 모르는 학생은 훨씬 더 많습니다. 자신의 감정을 잘 몰라서, 그래서 잘못된 감정 표현으로 인해 부적절한 행동이 나오기도 합니다.

언어나 행동을 조절하지 못하는 학생들은 교실 내에서 물의를 일으킵니다. 친구와 싸우거나 소란스러운 행동을 합니다. 그뿐만 아니라 쉬는 시간에 친구들과 놀기 바빠서 수업 시작한 지 얼마 안 돼서 화장실에 간다고 하는 학생이 있습니다. 수업 시간 중에 계속 장난감을 만지기도 합니다. 이 학생은 수업 시간에 장난감을 만지면 안 된다는 것을 모를까요? 아닙니다. 알고도 행동에 대한 조절이 안 돼서 그런 겁니다. 이는 주의 집중의 문제이기도 합니다.

자녀가 이런 모습을 보인다면 행동에 대한 조절을 내가 가르쳤던가 돌아봐야 합니다. 한계의 울타리와 규칙을 주고 따르게 해야 합니다.

키워드 사전 _____

주의력 결핍 과잉 행동 장애(ADHD) 'Attention deficit hyperactivity disorder'의 머리글자를 따서 ADHD라 부르는 정신 질환의 일종입니다. 주의가 산만하고 과잉 행동, 충동성을 보이는 것이 특징이며, 7세 이하 아동에서 초기 발병하여 성인이 되고 나서도 영향을 미침으로써 가정과 학교, 사회생활에 지장을 초래합니다. 명확한 원인은 밝혀지지 않았지만 유전적 요인, 도파민 등의 신경 전달 물질, 전두엽 발달 등과 관련된 뇌의 신경 생물학적 요인이 가장 결정적인 것으로 알려져 있습니다.

행동에는 한계가 있어야 합니다. 사회 구성원들 사이에 약속된 보편적인 규칙 안에서 행동해야 합니다. 아이들은 크고 넓고 안전한 울타리 안에서 커야 합니다. 크고 넓게 만들어주기 위해서 울타리가 없는 것은 아닙니다.

몇몇 학생들은 스스로 생각하지 않고 질문을 통해 답을 쉽게 얻으려고 합니다. 왜냐하면 우리는 질문하는 것이 아주 좋은 것이라고 배웠기 때문입니다. 그리고 너무 친절한 학부모님과 교사에게 지도를 받았기 때문일 수도 있습니다.

3세, 4세 아이가 신발을 신고 있습니다. 벌써 5분이나 지난 것 같은데, 제대로 못 신고 있습니다. 어떻게 해야 할까요? 정답은 '기다린다'입니다. 그럼 언제 도와주어야 할까요? 정답은 '도움을 요청할 때'입니다.

학부모님들은 학생 스스로 학습 목표를 세우고 계획하여 과정을 수행하고 결과에 대해 책임을 지기를 바라지만, 그렇게 할 수 있도록 놓아두고 기다려주는 학부모님은 많지 않을 수 있습니다.

아이 앞에서는 찬물도 못 마신다고 합니다. 아이들은 그만큼 학습력이 좋습니다. 조절하는 모습을 보여주는 학부모님, 스스로 해낼 수 있도록 기다려주는 학부모님이 아이에게 긍정적이고 안정된 공부 정서를 선물할 수 있습니다.

첫 번째 공부 정서 – 반두라의 자아 효능감 증진법

첫째, 자신의 성취에 따른 직접적인 성공 경험을 통해 자아 효능감을 증진시킬 수 있습니다.

둘째, 자신과 비슷한 모델이 성취하는 것을 관찰함으로써 자아 효능감을 증진시킬 수 있습니다.

셋째, 사회적 설득은 언어적인 것이 주가 되는데, "너는 할 수 있어."라는 권위자의 설득이 자아 효능감을 증진시킵니다.

넷째, 자신의 생리적 상태에 대한 해석이 자아 효능감에 영향을 줄 수 있습니다. 예를 들어 스트레스를 유발하는 상황에서 자신의 생리적 지표를 그 상황을 잘 대처하지 못해서 생긴 결과로 해석할 경우, 자아 효능감이 떨어질 수 있습니다.

두 번째 공부 정서 – 불안 조절법

첫째, 자기가 스스로 해낼 수 있는 사람임을 믿게 합니다. 그것을 위해 많은 시간을 연습할 수 있습니다. 작은 성공 경험을 쌓아, 스스로를 믿고 불안한 상황에서도 해결할 수 있는 사람임을 알게 해야 합니다.

둘째, 정확한 정보를 줍니다. 불안하다는 것은 앞으로 어떤 일이 일어날지 모를 때 생기는 감정이므로 앞으로 일어날 예상 가능한 상황에 대해 충분한 정보를 전달해야 합니다.

셋째, 불안의 전염을 멈춥니다. 불안해하는 것도 정서이다 보니 다른 사람에게 전해지기 쉽습니다. 혹시 다른 사람의 불안까지 아이가 안고 있지는 않은지 살펴봐야 합니다.

세 번째 공부 정서 – 자기 조절 능력 증진법

첫째, ADHD라고 의심이 된다면 선생님이나 의사 등 전문가의 상담을 받아보는 것이 좋습니다.

둘째, 행동 조절을 위해 행동의 한계를 가르칩니다. 때로 아버지가 엄한 역할, 어머니가 챙겨주는 역할 등으로 나누는 경우도 있는데 부모가 역할을 나누는 것은 좋지 않습니다. 누구든 그 자리에서 화나 욱하는 게 아닌 단호함으로 행동을 코칭하는 것이 좋습니다.

셋째, 자기가 스스로를 조절할 수 있을 때까지 기다려줍니다. 너무 친절한 양육자 손에서 모든 것을 다 챙김 받는 아이는 자기 조절을 배울 수 없습니다.

2

마음 상하지 않게
행동을 고쳐주는 법

몸과 마음을 따로 지도해주세요.

마음이 다치지 않도록 친절하되,

행동은 위험하지 않게 단호해야 합니다.

Q 아이 훈육하는 방법이 너무 궁금합니다.
제가 잘하고 있는 건지, 마음 상하지 않게 잘 가르치는 방법은
없는지 알려주세요.

A 몸과 마음을 따로 지도하세요. 마음은 친절하게 받아주되, 몸은 단호
하게 고쳐주셔야 합니다. 친절하면서 행동은 단호한 모습을 보이셔
야 합니다.

어렵게 스며든 공부 정서, 소리 한 번 질렀다가 다 무너지지는 않았나요?

주변에 어린아이를 키우는 친구들이 항상 물어보는 것이 있습니다. 해도 되는 행동과 하면 안 되는 행동을 가르치는 훈육, 도대체 어떻게 하는지를요. 저는 그 질문을 받을 때마다 세 가지 보따리를 전해줍니다.

세 방법 중 편한 것으로 골라 쓰시면 됩니다. 사실 단순하게 보면 같기 때문입니다. 핵심은 마음을 친절하게 챙겨주면서, 몸을 단호하게 교정하는 것입니다. 몸과 마음을 분리해서 보셔야 합니다.

첫 번째 보따리는 '1-2-3 매직'입니다. 책으로도 소개된 아주 훌륭하고 간단한 방법입니다. 자녀가 하지 말아야 할 행동을 했을 때, 하지 말라고 말합니다. 그런데도 하면, '보석아, 너 하나!'라고 말하며 손가락 한 개를 펼쳐서 보여줍니다.

계속해서 하면 손가락 2개, 또 몇 분 안 지나 그 행동이 계속되면 손가락 3개를 펼쳐 보입니다. 손가락 3개가 되면 혼자 생각할 수 있는 시간을 줍니다. 생각의자 등 별도의 공간이 있으면 더 좋습니다. 보통 초등학생이면 3~5분 정도가 좋습니다.

평온한 마음으로 더 이야기를 나누셔도 좋고, 5분이 지난 후 보석이의 생각을 더 들어도 좋습니다. 또 아무 말 하지 않아도 괜찮습니다. 목표는 화내거나 욱하지 않으면서도 행동은 고쳐주는 것입니다.

두 번째 보따리는 말의 '샌드위치'입니다. 샌드위치나 햄버거처럼 겉면에는 먹기 쉽고 달콤한 말을 합니다. 학생이 꼭 알아야할 규칙은 중간에 한마디 정도만 섞어서 합니다.

예를 들면 더 간단합니다.

> **인정하는 말** "우리 보석이가 너무 신나서 크게 떠들고 싶었구나. 뛰어다니고 싶었구나. 재밌었지? 즐거웠지?"
>
> **고쳐주는 말** "근데 여기 사람들 좀 보아. 크게 떠들고 엄청 뛰어다니는 사람들이 있니? 그래, 너무 신나도 그렇게 큰소리치고 뛰어다니면서 남에게 피해를 주면 안 되는 거잖아."
>
> **격려하는 말** "나는 우리 보석이가 다른 사람을 배려하고 존중해서 이 공간에서 예의를 갖추고 행동하기를 바라. 잘해줄 수 있어? 엄마, 아빠는 널 믿어. 그렇게 행동하기 쉽지 않을 텐데 노력해줘서 고마워."

한 번에 하나만 알려주세요. 한 마디 정도로 한 가지만 교정하는 이유는 아이가 기억하기 쉽게 하기 위해서입니다. 누구나 한 번에 여러 요청을 받으면 잘 기억하지 못합니다. 아이에게 더 잘 기억해줬으면 좋겠다고, 한 마디로 부탁하는 이유를 말해주면 좋습니다.

세 번째 보따리는 '미리 울타리 치기'입니다. 미리 규칙을 일러주는 것이지요. 아이가 도서관에서 떠들고 빠르게 돌아갈 것 같으면, 도서관에 가기 전에 물을 수 있습니다. "도서관에서 우리가 지켜야 할 것은 뭘까? 도서관 울타리는 뭘까?" 등의 질문을 하면 답은 의외로 아이의 입에서 나옵니다.

그러면 "맞아, 오늘 우리 보석이가 잘 지키는지 한번 볼게. 늘 고마워." 이렇게 격려하는 말을 해주고, 끝나고 난 뒤에도 "오늘 보석이 정말 남들 배려해서 행동 잘하던데?"처럼 칭찬해주시면 좋습니다.

어떤 것이 편할지 모르겠습니다. 저는 세 가지 보따리를 상황에 맞게 다 쓰고 있습니다. 한번 해보시면 정말 좋습니다. 우리 보석이와 부모님이 함께 행복한 시간을 만들어 가면 좋겠습니다.

> **엄격한 사람** "안 돼! 쓰읍."
>
> **단호한 사람** "안 돼. 남한테 피해가 가는 행동이잖아."
>
> **친절하면서 단호한 사람** "우리 보석이 신났구나?" (친절하게 웃으면서, 몸을 살짝 붙잡고 뛰지 못하게 막음.)
>
> **친절한 사람** (뛰게 둠.) "우리 보석이 신나?"
>
> **방치하는 사람** (생각만 함.) '아, 말려야 하나······.'

자녀를 키울 때 나는 어떤 모습인지 잠시 생각해보세요. 생각을 하셨다면 어느 정도인지 칸을 색칠해 보세요.

방치		친절		친절하면서 단호함		단호		통제

저는 친절하다 못해 방치하는 교사였습니다. 학생들 앞에서 학생들이 일상적인 다툼을 보이면 개입하기보다는 물러나 있곤 하였습니다. 갈등이 있는 상황이 다 지난 후에야 그 아이들을 따로 불러 상담하였습니다.

제 그런 모습은 원래 성격과 연결이 되어 있습니다. 저는 애니어그램 (Enneagram)* 9번 유형의 사람으로 갈등 자체를 피하려고 하는 성향이 있습니다.

키워드 사전 _____

애니어그램(Enneagram) 9를 뜻하는 그리스어 'ennea'와 도형을 의미하는 'grammos'가 합쳐진 말로, 사람의 성격을 9가지로 분류하는 성격 유형 이론입니다.

부모님도 어떤 이유이든지 하나의 모습으로 실존하고 있으실 겁니다. 중요한 건 내가 원하는 모습입니다.

저는 교실에서 더 이상 학생들이 힘들어하는 것을 방치하고 싶지 않습니다. 그래서 제 원래 성격과는 상관없이 더 친절하면서 단호한 교사가 되기 위해 연습하고 있습니다.

교육에는 연습이 필요합니다. 화가 나거나 욱해서 드는 매나 잔소리는 누구나 쉽게 선택할 수 있는 것이지만 효과가 크지 않습니다. 오히려 역효과가 더 많습니다.

몸에 좋은 약은 입에 쓰고, 좋은 방법은 익숙해지는 데 조금 시간이 걸리는 법입니다. 조금만 연습해주세요. 우리 보석이가 더 행복하고 긍정적으로 성장했으면 좋겠습니다.

우리 아이 마음 상하지 않게 가르쳐 주는 법

3원칙

1 몸과 마음을 분리해서 생각해야 합니다. 친절하게 웃으면서도 아이가 휘두르고 있는 막대기는 단호하게 빼앗는 그 모습이 가장 이상적입니다.

2 태도는 친절한 모습을 보입니다. 웃는 모습도 좋고 여유 있게 받아주는 수용적인 태도도 좋습니다.

3 몸은 고쳐주셔야 합니다. 이때는 확실하고 단호하게 고쳐주는 것이 좋습니다. 오히려 어설프게 '이렇게 하면 상처받지는 않을까?' 하면서 참는 것은 좋지 않습니다. 다친 부분을 살살 긁는 행동과 같습니다.

연습

아래 상황에서 1-2-3 매직과 말의 샌드위치(인정-교정-격려), 미리 울타리 치기를 연습하세요.

상황
공부를 하기 싫어하는 아이와 대화할 때

방법1 / 1-2-3 매직

보석아, 공부 시간에는 특별한 이유가 없으면 하기로 약속했잖아. 혹시 이유가 있니?

자, 합시다

(고쳐지지 않으면 손가락을 1개 펴 보이며) "보석아, 너 하나!"

(변화가 없다면) "보석아, 너 둘!"

(일정 시간이 지난 후에도 그대로면) "보석아, 너 셋!"

(생각의자에서 3분간 생각을 정리할 시간을 준다.)

방법 2 / 말의 샌드위치

인정하는 말 "맞아, 오늘 많이 힘들지? 피곤하고, 쉬고 싶겠다."

교정하는 말 "그래도 약속은 지키라고 있는 건데. 우선 시작은 해봐요. 7시에는 앉아서 시작하기로 약속했으니까."

격려하는 말 "시작하고 나서 너무 힘들면 다시 불러요. 오늘도 우리 약속 지켜주려는 모습 좋아요. 우리 보석이 파이팅!"

방법 3 / 미리 울타리 치기

① "우리 이제 집에서 공부할 거야. 하기 전에 공부 울타리를 치려고 해. 보석이는 언제 몇 시에 시작하고 싶어?" 등의 말로 공부시간 규칙을 미리 정합니다.

② 만들어진 규칙을 지킬 수 있게 집에 걸어 놓고 공부합니다.

③ 싫다고 할 때 만든 울타리를 가리키며 보여줍니다.

3

학습 성장판 짓누르는
완벽주의 탈출하기

너무 완벽하고 싶어 하는 아이에게는

미완의 기쁨과 탁월함을 알려주세요.

있는 그대로 인정하는 것부터 시작입니다.

Q 아이가 어떤 일을 시작하는 걸 어려워해요.
하기 시작하면 곧잘 해내는데, 하다가 틀렸다 싶으면
종이를 찢어 버리거나 짜증을 내서 보기 안쓰럽습니다.
'잘했는데 왜 찢어?' 하면 더 화 내기도 하죠. 스트레스를 많이
받아 마음이 다칠까 걱정되는데 좋은 방법이 없을까요?

A '무조건 잘 해내야 한다'는 완벽주의에 빠지지 않았는지 돌아봐야 합
니다. 부모의 완벽주의 성향이 아이의 어깨도 짓누르고 있지는 않은
지 살펴보아야 합니다. 넘어지더라도 훌훌 털고 다시 회복할 수 있는
회복 탄력성이 높은 아이가 되었으면 좋겠습니다.

데이빗 스툽의 『완벽주의로부터의 해방』이라는 책이 있습니다. 완벽한 엄마, 완벽한 아내, 완벽한 선생님. 우리는 알게 모르게 완벽해야 한다는 시선을 받습니다. 혹시 그러지 못해서 늘 미안해하고 자신을 탓하지는 않으셨나요?

우리는 완벽주의에서 벗어날 필요가 있습니다. 완벽주의는 '나는 완벽해질 수 있다.'라는 거짓 위에 쌓아 올린 모래성이기 때문이죠. 완벽해져야 한다는 강박관념은 자신뿐만 아니라 가족, 특히 자녀들과 친구, 직장 동료들에게 심한 좌절감과 스트레스를 안겨줍니다.

면역을 기르기 위해 비타민을 섭취하듯 우리에게는 완벽하지 않아도 된다는 마음 비타민이 필요합니다. 하루 한 알 비타민을 섭취하듯 나의 완벽주의를 매일 점검하고 경계해야 합니다.

아이의 모습을 있는 그대로 인정하고 격려해줄 수 있는 부모가 되시면 좋겠습니다. 그러면 아이가 자신감과 행복감이라는 날개를 달고, 학교와 세상을 조금 더 여유롭게, 자신을 사랑하며 살아갈 수 있을 것이기 때문입니다.

그럼 완벽주의 성향을 들여다보고, 완벽주의가 할 수 있는 잘못된 생각을 찾아냄으로써 우리가 진정 원하는 것을 다시 선택해 볼까요? 우리 사랑스러운 자녀의 실존 자아를 인정해가는 과정을 한번 따라가 봅시다.

완벽주의 성향 살펴보기

심리학자 폴 휴이트(Paul Hewitt)와 고든 플렛은(Gordon Flett) 완벽주의를 다음 세 가지로 나누어 그에 따른 역기능을 설명하고 있습니다. 각 완벽주의 성향마다 어떤 인지 왜곡을 하고 있는지 살펴보도록 히겠습니다.

자기 지향적 완벽주의

· 자신에게 과도하게 높고 현실적이지 않은 기준을 강요합니다.
· 자신의 행동에 엄격한 평가와 비난을 하고 결점이나 실수, 실패를 받아들이지 못합니다.
· 일의 추진력을 높이는 긍정의 역할도 있지만, 실패의 경험들과 상호작용할 때 우울, 낮은 자존감, 불안 등의 심리적 부적응을 낳기도 합니다.

타인 지향적 완벽주의

· 주변 사람들에게 비현실적인 기준을 부과합니다.
· 높은 기준을 완벽하게 해내도록 기대하며 타인의 행동을 엄격하게 평가합니다.
· 타인이 그 요구에 미치지 못하면 그 사람에 대해 적대감과 불신, 비난을 나타냄으로써 대인관계에서 좌절을 겪습니다.
· 리더십이나 타인에 대한 관심 등 긍정적 측면이 있지만, 부부 문제, 가족 문제에서 중요한 변수로 작용할 수 있습니다.

사회 지향적 완벽주의

· 주변 사람들이 자신에게 성취하기 어려운 비현실적 기대를 하고 있으며, 인정과 관심을 받기 위해 이러한 기준들을 만족시켜야만 한다고 믿습니다.
· 외부로부터 부여된 과도한 기준들을 스스로 관리하기 힘들어 결과적으로 실패감, 불안, 분노, 무력감, 절망, 우울의 정서를 갖게 됩니다.
· 사회적으로 부과한 완벽주의는 대인 관련 스트레스와 성취 관련 스트레스 모두와 상호작용하여 우울을 유발할 수도 있습니다.
· 부모의 양육 태도가 권위적일수록 이 성향이 자녀에게 높게 나타납니다.

탁월함과 완벽주의의 차이점 알기

어떤 부모님은 자신의 완벽주의로 힘들어하면서도 한편으로는 완벽을 추구하는 자신의 행위를 자녀에 대한 사랑이나 부모의 도리라고 생각하기도 합니다. 완벽주의와 탁월함과의 차이를 살펴보고, 우리가 자녀에게 주고 싶은 것은 무엇인지 선택하여 봅시다.

	탁월함	완벽주의
노력의 의미	가능성을 수용	완벽을 향한 발버둥
자기 대화	나는 ~을 원한다. ~가 되면 좋겠다	나는 ~해야만 한다. ~할 필요가 있다
동기	성공을 위한 내적 욕구	누군가에 의해 요구받음
초점	과정	결과
신분	탁월함을 추구하는 자유인	완벽주의에 갇힌 노예
기대치	자신의 최선을 다함	모든 사람과 비교해서 최고
삶의 태도	도전은 언제든 환영	비난은 참을 수 없다
결과	성취/용납/ 완료/성공	절망/비난/ 좌절/실패감
삶의 범주	실제/현실 세계	환상/비현실 세계
진위성	진실_ 이 세상에서 완벽한 사람은 없다	거짓_ 사람은 완벽해질 수 있다

완벽주의자들은 자신의 성취에 대해서도 합당한 의미를 부여하지 않을 뿐만 아니라 주변 사람들의 노력을 인정하고 보상하는 데도 어려움을 느낍니다. 따라서 항상 더 잘 하라고 다그치는 완벽주의 부모 밑에서 자란 자녀들은 자신의 행동에 만족할 수 없고, 부모의 기대에 결코 다가갈 수 없다는 것을 알고 좌절감을 느끼게 됩니다.

부모의 불인정이나 조건적 인정은 '모든 조건에서 완벽해야만 부모의 인정을 받을 것'이라는 인지 왜곡을 가져옵니다. 이를 위해 안간힘을 쓰다 보면 겨우 성공을 해도 더 높은 목표를 설정하게 됩니다. 그리고 실패할 경우 좌절과 분노를 겪으며 자존감이 더 낮아지게 됩니다.

완벽주의 탈출하기

자녀에 대한 과잉 기대와 완벽주의의 유혹으로부터 탈출하려면 굳은 결심과 의도적인 노력이 필요합니다.

① 다르게 생각하기

아이의 실패나 성공에 대한 부모님의 과거 반응들을 적어보고, 지금이 그 상황이라면 어떻게 대처할 것인지 적어보세요.

상황	완벽주의 사고(자동 반응)	너그러워지기(선택)
예 아이가 컵을 깨뜨렸다.	내가 늘 조심하라고 했지. 이럴 줄 알았다니까.	다치지는 않았니? 많이 놀랐겠다.

② 미완의 기쁨 누리기

실패할까 두려워서 시작도 못했던 일을 꺼내어 실천 계획을 구체적으로 세우고 결과를 점수화해 봅시다.

• 목표를 중심으로 단계별 예상 행동을 잘게 쪼개어 계획하기

(예시)

● 기대 목표 – 하루 6~7시간 수면 확보를 위해 12시 취침, 6시 기상

단계	점수	단계별 예상 행동	결과
기대보다 아주 좋음	+4	12시 취침, 6시 기상, 낮잠 안 잠	
기대보다 좋음	+2	12시에 취침, 6시 30분 기상	+2
기대 수준	0	12시 취침, 7시 기상, 긴 낮잠 자기	|
기대보다 나쁨	−2	8시 기상, 다시 잠	만족
기대보다 아주 나쁨	−4	9시 기상, 늦게 일어나서 자책함	

(연습)

● 기대 목표 –

단계	점수	단계별 예상 행동	결과
기대보다 아주 좋음	+4		
기대보다 좋음	+2		
기대 수준	0		
기대보다 나쁨	−2		
기대보다 아주 나쁨	−4		

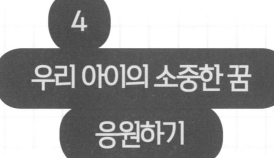

4 우리 아이의 소중한 꿈 응원하기

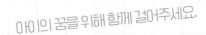

아이의 꿈을 위해 함께 걸어주세요.

많이 체험하고 경험하면 좋습니다.

행복과 꿈을 위한 나침판이 되어주세요.

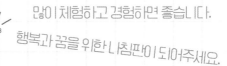

Q 꿈이 없는 아이에게 막연하게 꿈을 꾸라고만 할 수는 없는 것 같습니다. 아이가 자신의 적성과 흥미에 맞게 미래를 설계할 수 있도록 부모로서 도와줄 방법은 없을까요?

A 아이들이 꿈꿀 수 있도록 함께 동행하세요. 늘 부모님이 아이에 대해 가장 잘 알고 있다고 생각하고, 요구와 지시를 하는 일이 많습니다. 아이들의 목소리에 자세히 귀 기울여보세요. 아이가 하고 싶은 것을 묵묵히 지지해주고 응원해줄 수 있는 넓은 마음이 필요합니다.

"넌 커서 뭐가 되고 싶니?"

"아직까지 생각해 본 적이 없어요. 전 아직 꿈이 없어요."

"꿈이 없으면 안 되니 꿈을 가져야지. 지금부터 꿈에 대해 생각해 봐!"

꿈이 없다고 말하는 아이에게 우리가 흔히 보이는 반응입니다. 아이가 꿈을 가지고 살아야 하는 것을 모르지는 않았을 겁니다. 꿈을 가지라는 어른들의 막연한 말에 아이들은 답답함에 사로잡히게 됩니다.

아이들이 무엇을 잘하는지, 무엇을 하고 싶은지, 그리고 부모가 바라보는 아이의 모습은 어떤 것인지 구체적으로 대화해보세요. 아이가 꿈으로 가는 길의 길잡이별, 바라보고 걸을 수 있는 나침반이 되어주는 것이 필요합니다. 그렇다면 우리는 어떤 것부터 도와줄 수 있을까요?

먼저, 아이의 꿈을 위해 함께 걸어주세요. 아이가 자신의 꿈을 위해 체험해보고 싶은 것과 가보고 싶은 곳이 있다면 함께하세요. 또, 경험해보면 좋은 것을 찾아 함께 즐겨보세요. 무엇이든 원하는 것이 있다면 그것을 해봐야 자신의 길이 맞는지 아닌지 알 수 있습니다.

다만 부모의 꿈이 아니라 아이의 꿈입니다. 아이의 인생 숙제를 돕는다는 마음이 필요합니다. 우리가 경험해 온 과거와 아이가 앞으로 겪어갈 미래는 다를 수 있기 때문입니다.

둘째, 아이의 하루를 살펴보세요. 우리에게 주어진 하루는 모두 똑같이 24시간입니다. 아이가 하루를 어떻게 생활하고 있는지, 최선을 다하고 있는지, 무의미한 시간을 보내고 있는지 살펴보면 좋습니다. 아이의 하루를 성급하게 변화시키기보다는 작은 부분부터 함께하며 조금 더 의미 있게 살 수 있도록 도움이 필요합니다.

셋째, 1등을 목표로 하지 않는 아이로 만들어주세요. 국가대표도 올림픽에 나가서 금메달을 따지 못하면 꼭 죄지은 듯 인사를 합니다. 최선의 노력을 다했다면 1등을 하지 못해도 박수를 받아야 마땅합니다. 그래야 다음에 또 도전할 힘이 생기니까요. 우리 아이가 '최고'가 아니라 매사에 '최선'을 다하는 아이가 될 수 있도록 항상 응원해주세요. 큰 보폭으로 빠르게 걷는 사람이 아니라 느려도 끝까지 걷는 사람이 더 위대합니다.

우리 아이가 꿈을 꾸며 살아가게 해주세요. 꿈은 위대합니다. 우리를 꿈까지, 끝까지 걷게 해주니까요. 꿈은 간절하게 되고 싶은 나의 미래입니다. 간절한 마음을 소중히 여겨주세요. 그 마음은 우리가 무얼 하라고 말하지 않아도 아이가 할 수 있게 도와줍니다. 적절한 응원, 격려만 있다면 아이는 힘을 얻어 최선을 다하게 될 것입니다.

간디학교 교가의 노랫말처럼 '배운다는 건 꿈을 꾸는 것, 가르친다는 건 희망을 노래하는 것'입니다. 우리 아이가 배우며 꿈을 꾸는 동안에 적절한 진로에 대한 부모님들의 코칭이 필요합니다. 미래에 대한 밑그림을 차근차근 색칠하고 희망으로 채워나갈 수 있도록 응원해주세요.

우리 아이의 성격은 어떤 유형일까요?

성격은 대인 관계나 상황에서 비교적 변하지 않고 일관성 있게 나타나는 개성적인 행동 양식이나 반응 양식입니다. 성격에 어울리는 직업을 찾아보고 선택하는 일은 행복한 직업 생활을 위해 매우 중요하지만, 각자의 성격에 맞는 학습은 훨씬 더 중요합니다.

외향형(E) 활발하고 적극성을 지닌 외향적인 성격

다른 아이들과 함께 그룹으로 학습하는 것을 선호하고, 자신의 의견을 발표할 기회를 통해 많이 배웁니다. 실제로 나와서 직접 해보는 것을 좋아하고, 실험과 실패가 허용되는 분위기에서 학습 효과가 배가됩니다.

내향형(I) 조용하고 침착하며 몇몇 친구들과 아주 친한 내향적인 성격

혼자 충분히 생각하고 이해하는 시간이 허용되는 분위기에서 공부하는 것이 좋습니다. 그룹 학습을 할 때나 발표하기 전에 설명을 듣고 질문을 주고받는 과정이 있을 때 더 잘 배웁니다.

감각형(S) 외모나 환경의 세부 특징을 중요시하는 감각적인 성격

비디오, 오디오 등을 이용한 학습 스타일이 효과적이며, 세부적인 내용을 거듭 반복해서 암기하는 형태의 공부를 잘합니다. 단계적인 설명과 개념이 어떻게 실제로 적용되는가 하는 것을 보기로 들어 줄 때 이해가 빨라집니다.

직관형(N) 상상력이 풍부하고 새로운 것을 좋아하는 직관적인 성격

상상을 불러일으키고 자극시키는 공부 방법이 효과적입니다. 단계적으로 짜여진 학습양식보다 자기 진도에 맞추어 나갈 수 있는 분위기에서 더 잘 배우며, 예습 위주의 공부가 효과적이다.

사고형(T) 자기주장과 규칙, 논리적인 것을 중시하는 내성적인 성격

자료를 수집하고 조직, 평가하는 기회가 주어질 때 학습 효과가 더 큽니다. 학교에서 수행하는 과제들이 선생님에 의해 공정하게 평가되고 인정되는 것을 보고 싶어 합니다. 학습 진도가 신속하게 나갈 때 자극을 받아 더 열심히 하며, 원인과 결과를 밝히는 설명 양식을 잘 이해합니다.

감정형(F) 다른 사람의 관심과 칭찬에 민감한 감정적인 성격

칭찬과 인정이 따를 때 더 잘 배웁니다. 선생님이나 부모의 한마디 말이 학습 동기에 중요한 비중을 차지하죠. 선생님과 학생, 학부모와 학생이 서로 잘 지내는 화목한 분위기에서 더 잘 배우며, 경쟁 분위기에서는 쉽게 좌절할 수 있습니다.

판단형(J) 미리 계획하고 조직하는 것을 좋아하는 계획적인 성격

짜여진 수업을 선호하고, 선생님이 정확하게 설명해 줄 때 안심하고 의욕적으로 공부합니다. 학습 상황이 수시로 변하는 환경을 싫어합니다. 완성한 일에 대한 보상이 주어지지 않으면 의욕이 떨어지며, 자신에 대한 평가를 궁금해합니다.

인식형(P) 자율적이고 융통성 있는 방식을 좋아하는 유연한 성격

자연스럽고 유연한 수업 분위기에서 더 잘 배웁니다. 규칙을 강조하고 이론적으로 설명하는 수업을 싫어하며, 창의적이고 독특한 답을 요구하는 문제를 잘 풉니다. 짧은 집중력을 요하는 학습 전략이 효과적입니다.

아이와 함께 비전 및 진로 탐색하기

생각 하나 아이가 가장 잘하는 것이 무엇인가요?

무엇을 할 때 가장 즐거운지, 앞으로 무슨 일을 하고 싶은지 함께 생각해 보세요.
부모님, 선생님의 이야기도 함께 들려주세요.

좋아하는 일(취미)	잘하는 일(특기)	하고 싶은 일

생각 둘 아이가 꿈을 이루기 위해 준비할 것에는 어떤 것이 있을까요?

꿈을 이루기 위한 버킷리스트 TOP 5

(예시) 미래에 가고 싶은 대학교 탐방하기

❶ _____

❷ _____

❸ _____

❹ _____

❺ _____

생각 셋 부모님, 선생님이 꿈을 이루기 위한 과정들을 함께 이야기하세요.

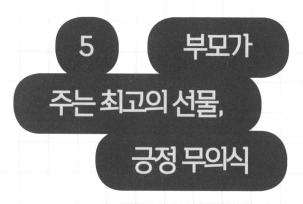

5 부모가 주는 최고의 선물, 긍정 무의식

자기 전에 하는 감사와 격려로

긍정적인 무의식을 선물하세요.

행복으로 삶을 누리는 첫걸음입니다.

Q 우리 아이는 어떤 걸 할 때마다 못 하겠다고 말해요. 아이가 조금 더 확신을 가지고, 긍정적으로 자랐으면 좋겠습니다. 혹시 도움이 될 만한 좋은 방법이 있을까요?

A 자녀에게 긍정적인 무의식을 심어 주면 좋습니다. 자기 전에 하는 감사와 격려의 말이 삶을 여행하듯 즐기게 만드는 보이지 않는 큰 힘이 될 수 있습니다.

교육계에서 앨버트 반두라(Albert Bandura)의 보보 인형 실험*은 유명합니다. 어른이 인형을 때리는 모습을 보여주고 아이들에게 인형과 놀 시간을 주면, 유아들은 인형을 안으면서 노는 게 아니라 똑같이 때리는 방법을 학습한다는 실험입니다.

사실 어릴 때 민감하게 담기는 게 무의식입니다. 유아들은 여과 없이 담아두고, 쉽게 행동을 모방합니다. 내가 뱉던 말이나 행동들이 어린 아동에게서 발견되는 건 그다지 어려운 일이 아닙니다.

초등학생쯤 되면 바로바로 행동으로 나타나지는 않습니다. 이미 학생마다 무의식이라는 물의 색깔이 조금은 정해졌기 때문입니다. 누구는 세상을 검은 물로 다른 누구는 투명한 물로 해석할 수 있습니다.

투명하게 살며, 긍정적인 사람은 행복합니다. 살아갈 때 너무나 당연하겠지만 부정적인 사람들은 쉽게 스트레스를 받습니다. 긴장이 가득한 사람은 행복할 수 없습니다. 일시적인 즐거움, 쾌락에 빠지기도 쉽습니다.

긍정적인 사람은 회복 탄력성이 높습니다. 오늘 넘어지더라도 내일 다시 도전할 힘이 있습니다. 그 기반에는 스스로 해낼 수 있는 사람이라는 믿음, 자존감, 자기자비, 자기 격려들이 섞여 있습니다.

교실에서도 긍정은 빛납니다. 용기가 남다릅니다. 긍정적인 아이들은 일이 잘 풀리지 않더라도 믿음이 남아 있습니다. 안 좋은 결과가 오더라도 자신이 책임질 수 있다고 믿으니, 어떤 일이든 쉽게 도전합니다.

키워드 사전 _____

앨버트 반두라(Albert Bandura)의 보보 인형 실험 미국 스탠퍼드 대학교 심리학과 교수인 반두라가 1961년에 행한 실험입니다. 아래에 무게추가 달린 풍선인형을 어른이 장난감 망치로 때리는 것을 지켜본 아이들은 망치와 인형이 주어지자 똑같이 인형을 때리는 행동을 보였습니다. 1965년에는 보보 인형을 때린 어른이 칭찬과 선물, 비난과 처벌을 받는 영상을 아이들에게 보여 주고, 그 반응을 조사한 두 번째 실험이 시행되기도 했습니다.

그런 학생들을 보면, 공부며 관계며 뭐든 빠지는 게 없습니다. 그야말로 엄친아, 팔방미인입니다. 순정만화 주인공처럼 자신이 하고 싶어 하는 것이면 뭐든 하며 살아갑니다. 행복한 인생, 지구를 여행하는 듯한 삶입니다.

학생을 긍정적인 사람으로 돌보기는 어렵지 않습니다. 유전이든, 아주 어릴 때의 애착이든 이미 시간이 지나 할 수 없는 일은 과거에 두겠습니다. 할 수 있는 일만 생각하면 아주 간단합니다.

첫째는 '시간'입니다. 무의식이 평소보다 더 잘 열리는 시간은 '자기 직전'과 '일어난 직후'입니다. 스테디셀러 『아티스트 웨이』에서도 미라클 모닝으로 깨어나자마자 떠오르는 것을 기록하는 일을 1번으로 실천합니다.

둘째는 무의식이 열린 시간에 주는 말들입니다. 부모님이 줄 수 있는 최고의 선물은 '감사와 격려'입니다. 내 소중한 아이가 긍정적으로 삶을 누리며 살길 바란다면 감사를 들려주세요.

오늘 학교에서 감사했던 것, 집에서 감사했던 것을 말하게 합니다. 또, 나에게 감사했던 것, 부모님께 감사했던 것, 선생님께 감사했던 것을 말하게 합니다. 부모님이 먼저 하시면 훨씬 효과가 좋습니다.

감사 다음에는 격려를 해주세요. 크게 칭찬하는 것이 격려입니다. 좋은 점수를 받았을 때 그 점수를 놀라워하며 기쁨을 나누는 게 칭찬이면, 그 점수를 얻기까지 흘렸던 땀과 열정을 함께 말해주는 것이 격려입니다.

부모님의 자녀가 자기 전에 하는 감사와 격려로 삶을 긍정적으로 해석하는 아이가 되기를 기도합니다. 진심으로 세상에 긍정 에너지가 가득한 따뜻한 사람들이 많아졌으면 하는 바람입니다.

사람에게는 보이는 부분과 보이지 않는 부분이 있습니다. 눈에 보이는 부분이 지금의 나라면, 보이지 않는 부분은 무의식의 나입니다. 『버츄프로젝트 수업』의 저자 권영애 선생님은 무의식의 나를 '큰 나'라고 표현합니다.

우리 아이의 '큰 나'는 어떤 모습인가요?

우리 아이가 어떤 학생이 되길 원하나요?

저는 학생들을 반에서 만나는 첫날에 권영애 선생님께 배운 대로 말합니다.

"선생님은 너희들에게 자존감 나무 100그루를 심어줄 거야. 선생님이 심어주는 나무가 사랑이 되어 너희들이 살아가면서 꼭 필요한 힘이 되었으면 좋겠어. 보이지 않는 무의식에 사랑받는 경험, 감사, 격려를 충분히 줄게. 잘할 때나 잘하지 않을 때나, 선생님은 너에게 힘이 되어주고 싶어."

5분 정도 되는 '자존감 나무 100그루 이야기'를 하면 학생들의 눈이 기대로 가득합니다. 1년 동안 담임으로 노력할 일만 남았습니다. 짧은 시간이지만, 기억에 오래 남는 사람은 깊이가 중요함을 압니다.

오랫동안 힘이 되어주는 따뜻한 사진 한 장이고 싶습니다.

아이가 긍정적으로 살도록 돕는 방법

1 자기 전 시간을 기다립니다.

2 아이를 만나기 전 속으로 '사랑해'를 3번 생각합니다.

3 아이의 손을 잡고 눈을 마주칩니다.

4 오늘 감사했던 것을 나눕니다. 학교-학원-집에서 감사했던 일, 부모님-선생님- 친구에게 감사했던 일 등을 나눕니다. 먼저, 부모님이 해주시고 아이가 말하는 것을 들으면 좋습니다. 수준이나 익숙함에 따라 한 가지씩 번갈아 나눌 수 있습니다.

5 아이가 했던 말 중 격려해주고 싶은 부분을 격려합니다. 이때, 아이를 따뜻하게 안으면서 귀에 속삭이면 더 큰 사랑을 줄 수 있습니다.

6 '잘 자, 좋은 꿈 꿔.'와 같이 오늘의 마지막 인사를 속삭입니다.

좋은 격려 표현의 예

- 오늘도 우리 보석이, 고생했어.
- 최고다. 네가 얼마나 노력했는지 옆에서 본 게 있으니까 엄마(아빠)는 더 감동이고 마음이 울려. 정말 잘했어!

구체적인 칭찬	오늘 엄마(아빠)가 손목이 너무 아팠는데, 보석이가 설거지를 해놓은 것을 봤어. 기대도 안 한 선물을 받은 기분이야. 너무 고맙고 사랑해.
깊은 칭찬	우리 보석이는 마음이 빛나는 아이 같아. 어쩜 이렇게 따뜻하고 사랑이 가득하니? 혹시 그렇게 사랑과 마음이 따뜻한 비결이 있니? 언제부터 그런 아이가 된 것 같아?
안 좋은 일이 있었을 때	• 너만 그런 게 아니야. 나도 같은 상황이었으면 그만큼 아팠을 거야. 많이 힘들었지? 엄마(아빠)가 안아줄게. 고생했어. • 다 이유가 있을 거야. 나중에 더 커서 지금을 돌아보면 그런 이유였구나, 느끼게 될 거야. 기운 내. 어깨 펴고. • 사람은 담을 수 있는 그릇만큼의 아픔만 오는 거야. 네가 큰 그릇이라서 아픔도 크게 느껴지는데, 엄마(아빠)가 옆에서 함께 걸어줄게. 엄마(아빠)는 널 믿어.

그래서 내가 하고 싶은 말

글 최문희

어린 시절이 기억나십니까? 저는 우리 아이들을 보면서 제 어린 시절을 떠올립니다. 나도 그랬었지, 하면서요. 우리 아이가 길을 걸어가면 꼭 턱에 올라가려고 하고, 계단이나 경사로에 올라가려고 하면 이야기하죠.

"내려와, 다쳐." 근데, 저는 꼭 올라갔었거든요.

지나가다가 그다지 예쁘지도 신기하지도 않은 물건을 싹 줍고 주머니에 쏙 넣는 아이들도 많죠? 저도 그랬습니다. 발표하는 것을 좋아하셨나요? 저는 정말 안 좋아했거든요. 발표하라고 시키면 너무 많이 떨곤 했어요.

저는 초등학교 교사 엄마예요. 학교라는 생태계를 잘 알고 있지요. 어떻게 하면 반장이 되는지, 어떻게 하면 선생님이 좋아해 주시고, 친구들에게 인기가 많을지 정말 잘 알고 있죠. 근데 저는 아이를 거기에 맞춰서 키우고 싶지는 않아요. 저는 아이가 자기의 마음 자라는 대로 자랐으면 좋겠어요.

애니메이션 〈인사이드 아웃〉(2015 개봉, 피트 닥터 감독)을 보면 이런 장면이 나와요.

라일리는 정든 집을 떠나 새로운 곳으로 이사 가고, 설상가상으로 이삿짐이 배달 오지 않고, 브로콜리가 잔뜩 나오는 피자를 먹고, 쥐가 나오는 다락방에서 잠을 자게 되지요. 잠이 들기 전, 엄마가 오셔서 이삿짐은 생각했던 것보다 더 늦게 오게 되었다는 말을 합니다.

이때 라일리는 이런 모든 상황에 화가 나서 '버럭' 화를 내려고 할 때 엄마가 이런 말을 하지요.

"그래도 네가 잘 견뎌줘서 고마워. 우리가 웃는 모습을 보여드리면 아빠도 힘을 내실 거야. 그렇게 할 수 있겠지? 그렇지?"

라일리는 엄마의 이 말을 듣고 감정을 숨기게 되죠.

저는 엄마의 마음을 이해하고 너무 공감해요. 그런데 늘 이런 말만 듣게 된다면, 엄마의 기대에 부응하고자 자기의 마음을 솔직하게 드러내기가 어려울 것 같아요.

저도 어려운 일이 생겼을 때 힘들다고 이야기하면, "다른 사람도 다 그래.", "지금까지 잘해왔잖아.", "기운 내."라는 말을 들어본 적이 있어요. 그래도 기운이 안 나더라고요. 그래서 저는 과한 기대나 쉬운 위로는 피하는 것 같아요. 우리 아이가 엄마 마음대로가 아니라 아이의 마음대로 자랐으면 좋을 것 같아서요.

친한 선생님과 육아 이야기를 한 적이 있어요. 우스갯소리로 우리가 한 이야기를 들려드릴게요.

아이들에게 줘야 하는 사랑이 100이라면 평생에 걸쳐서 무조건 100은 줘야 한대요. 언제 어떻게 주는 게 좋으냐면, 어린 시절에 아이가 어른이 되기 전에 100을 주는 게 제일 좋다고 해요.

어렸을 때 100만큼의 사랑을 안 주면 아이는 그것을 빚쟁이처럼 계속 받으러 오는데, 이게 이자가 붙는다고 합니다. 이럴 경우 더 어려운 방법으로 사랑을 주어야 한다는 거죠. 아이가 어렸을 때 가장 쉽고, 가장 위대한 방법으로 사랑을 마구마구 주세요.

가까운 분이 몸이 많이 편찮으셨던 적이 있어요. 그래서 '삶이 뭘까?'라는 생각을 해본 적이 있어요. 우리도 살아가는 게 너무나 고단하고, 힘들 때, 불치의 병이 걸렸을 때, 그런 게 아니라도 어떤 이유로든지 삶에 대해 다시 생각해보기도 하잖아요.

저는 삶은 '사탕'이라고 생각했어요. 내 입속에 들어온 사탕. 내가 지금 너무 지치고 힘들고, 일어설 힘조차 없을 때도, 내 입속에 들어온 사탕은 달콤하다고 느끼거든요. 그러면 된 것 같아요.

그 달콤함을 한 번 더 느껴볼 수 있다면 가치 있고 의미 있어서 살아갈 만하다고 생각을 합니다. 여기서 이 사탕은 여러분의 가족이나 자녀가 될 수도 있고, 친구, 어떤 실적이나 성과도 될 수 있겠죠. 하다못해 진짜 사탕이라도.

이제 워킹맘으로서 이야기 한번 해볼까요?

제가 초임 발령을 받았을 때, 몸이 많이 아파서 하루 결근하고 싶었던 적이 있어요. 그때 우리 교장 선생님께서는 교사는 아파도 아프면 안 된다, 아이들에게 아픈 걸 티 내면 안 된다고 말씀하셨어요. 그렇게 배웠고, 그게 또 옳다고 믿으면서 살았는데, 너무 지치는 거예요. 그리고 학생들에게 너무나 소중한 교육을 받을 기회를 제가 빼앗았다는 것을 뒤늦게 깨달았어요. 사랑하는 사람, 가까이 있는 사람을 들여다보고 배려하는 방법을 배우는 권리입니다.

집에서 아이를 키우면서도 그랬어요. 저는 아이를 위해서 희생하고, 내 입에 있는 것까지 빼내서 아이 입에 넣어주는 엄마였어요. 재미있는 일화를 알려드리면, 아이가 이유식을 시작했을 때였어요.

저는 시댁에 갈 때, 아이 이유식 끓이는 냄비, 국자, 칼, 도마, 쌀, 그릇까지 다 챙겨갔었습니다. 우리 시댁에는 훨씬 더 좋은 냄비와 그릇들이 즐비했는데 말이지요. 그때는 그게 이상한 줄 모르고 당연하다고 생각했었는데, 시간이 꽤 지나고 나서 생각해보니 '꽤나 유난스러웠구나.'라는 생각이 들더라고요. 틀렸다는 말이 아니에요. 그저 지나고 보니, '조금 더 편안하게 아이를 키웠어도 좋았겠다' 하는 생각이 들었거든요.

부모님은 아낌없이 주는 나무처럼 든든하고 믿음직해야 하는 것은 사실인 것 같아요. 그러나 이런 나무도 햇볕과 공기, 물과 관심이 필요하죠. 저는 부모님들께서 즐겁고 건강하셔야 한다고 생각합니다.

아이는 엄마가 키워야 한다는 말이 있습니다. 틀린 말은 아니지만, 이 말에 너무 얽매이지 마세요. 더 옳은 말은 아이는 사랑으로 키워야 한다는 말입니다. 아이는 사랑으로 키우는 겁니다.

5장

우리 아이

배움의 주체로

세우기

배울 것이 더 많아지는 세상,

스스로 찾아갈 수 있도록 배움의 주체로 세워주세요.

아이가 원한다면 어떤 것이든 배울 수 있다는

자기 확신을 가질 수 있게 도와주세요.

1

우리 아이 스스로 공부,
학습 동기 챙겨주기

ARCS 모형으로 학습 동기를 키워주세요.

공부하고 싶은 우리 아이의 마음,

참여 동기, 지속 동기, 계속 동기를 응원합니다.

Q 동기가 있어야 실제로 행동한다는 말을 합니다.
아이가 어떻게 하면 학습에 동기를 가질 수 있을까요?

A 학습 동기 유발과 관련하여 아주 유명한 켈러의 ARCS 모형이 있습니다. 학생들에게 참여 동기, 지속 동기, 계속 동기를 줄 수 있는 방법, 더 나아가 우리 아이가 스스로 만들 수 있는 방법을 알아봅시다.

학습 동기는 항상 같은 방법으로 생기는 것이 아닙니다. 시기나 단계에 맞게 필요한 학습 동기가 다르기 때문입니다. 참여 동기와 지속 동기, 계속 동기를 학습 시작과 중간, 그리고 끝에서 각각 따로 신경 써야 합니다.

참여 동기가 없는 아이는 학습에 참여하지 않거나 시작조차 거부합니다. 그래서 학습을 시작할 때는 참여 동기를 만들어줘야 합니다. 그렇게 참여를 한 아이에게는 학습이 끝날 때까지 학습을 지속할 수 있게 도와야 합니다. 그게 지속 동기의 유발입니다.

계속 동기는 더 중요합니다. 끝낼 때 잘 마무리해야 다음에 더 높은 수준의 과제에도 공부하고 싶은 마음이 생깁니다. 아이 입에서 "벌써 끝이야, 더 하고 싶다." 등의 말이 나오면 동기 형성이 아주 잘된 모습입니다.

자기주도학습이 이루어지려면 학습 동기가 꼭 있어야 합니다. 누군가가 형성해주는 모습이 아닌, 혼자서도 학습 동기를 올리는 모습이 가장 이상적입니다. 어떤 아이가 그렇게 할 수 있는지, 교육 심리학자 존 켈러(John Keller)의 ARCS 모형을 통해 살펴봅시다.

켈러는 학습 동기를 주의 집중(Attention), 관련성(Relevance), 자신감(Confidence), 만족감(Satisfaction) 네 가지로 설명합니다. 각각은 서로 영향을 주며 학습 동기 수준을 결정하게 됩니다. 먼저 각 요소를 파악하여 적절한 동기 전략을 통해 우리 아이의 학습에 활용해 봅시다.

첫째, 주의 집중입니다. 아이에게 학습적으로 자극이나 흥미를 주어 학습에 초점을 맞춰야 합니다. 신체적 활동이나 오감을 활용한다든지, 스토리를 통해 재미를 주면 참여 동기를 효과적으로 이끌어 낼 수 있습니다. 학습 내용을 단계적으로 제공하여 다음 단계에 대한 궁금증을 주거나, 변화를 통해 새로운 것에 흥미를 주면 지속 동기를 챙길 수 있습니다.

둘째, 아이가 수업의 가치를 알 수 있도록 삶과 관련성을 찾을 수 있게 이끌어줘야 합니다. 아이가 학습에 대한 필요성을 느끼고 접근할 수 있게 목표를 만들어줘야 합니다. 그래야 자신과 관련이 있는 목표일수록 조금 어렵더라도 계속 동기가 되어 다음 시간에도 도전해 볼 마음이 생깁니다.

셋째, 자신감입니다. 아이 입장에서 해볼 만한 것이어야 합니다. 너무 어렵거나 너무 쉬운 내용의 과제는 좋지 않습니다. 아이들에게 눈높이를 맞춤으로써 자신감을 갖고 도전하여 끝낼 수 있게 도와야 합니다.

열심히 노력하면 성공할 수 있다는 것을 느끼게 해야 합니다. 여기서 고민해야 할 부분은 우리 아이에게 딱 맞는 적절한 수준과 양의 과제입니다. 학습 동기 전반에 있어 아주 중요한 부분입니다.

마지막으로 만족감입니다. 우리 아이가 학습 결과에 대해 뿌듯함을 느끼며 만족할 수 있어야 합니다. 뿌듯함을 느끼는 것은 학습 자체에서 생기는 내재적 동기에 해당합니다. 학습하는 자체에서 삶에 대한 의미를 찾는 모습입니다.

처음에는 외재적 동기부터 시작하면 좋습니다. 상품을 준다든지, 즐거운 활동을 할 수 있게 약속한다든지, 칭찬과 격려를 통해 기대감을 높여줄 수 있습니다. 어떤 동기든 동기가 없고 무기력한 모습보다 낫습니다.

어떤 동기 전략, 어떤 학습 동기 유발 모델보다 아이에게 다가가 관찰하는 것이 중요합니다. 우리 아이가 어떻게 공부하고 있는지, 어떤 부분에서 동기가 부족한지 살펴주세요.

부모님의 소소한 관심이 어떤 훌륭한 학습 모델보다 중요합니다. 오늘

142

우리 아이와 신체적, 정신적 거리를 좁혀주세요. 눈높이 맞추기, 칭찬, 격려 등이 아주 좋은 기술입니다.

'칭찬은 고래도 춤추게 한다.'

일상생활에서 우리는 칭찬의 말을 얼마나 할까요?

대부분의 부모님들은 칭찬의 말보다는 어른이라는 이유로 아이들의 부족한 점을 수정해 주려는 것이 더 많은 것 같습니다. 교실에서 아이들을 지도하는 선생님들도 지도가 목적이다 보니 더욱 그러한 듯합니다.

정말 칭찬할 점이 하나도 없는 것일까요? 칭찬의 말이 아니고 지금 당장 필요하지 않는 말이라면 하지 않는 것은 어떨까요?

아이들의 동기 유발에서 가장 중요한 것은 칭찬과 격려입니다. 어떤 행동을 할 때 아이는 자기 나름대로 최선을 다하고 잘하려고 한 것입니다. 그럼에도 그때마다 칭찬보다는 비난이나 지도의 말을 듣는다면 자존감이 떨어질 수밖에 없을 것입니다.

조금 부족하니까 배움이 필요한 것이고 아이인 것입니다. 잘한 경우에는 당연하게 칭찬을 하겠지만, 조금 실수하거나 부족해도 긍정적인 시야로 본다면 칭찬이 먼저 나올 수도 있지 않을까요? 지도나 교육은 그 후에 해도 늦지 않습니다.

'Yes & But'보다는 'Yes & And'의 플러싱(Plussing) 기법을 사용하면 좋을 것입니다. 말하기 습관 하나로도 아이디어와 동기가 살아나는 아이가 될 수 있습니다. 우리 아이 자존감을 챙겨주는 현명한 어른이 되어주세요.

학습코칭 노하우

켈러의 ARCS 모형으로 전하는 학습 팁

ARCS 모형	동기 향상을 위해 전하는 학습 팁
주의 집중 **(Attention)**	시기가 중요합니다. 단순히 즐겁게만 하는 것은 좋지 않습니다. 오감을 만족시키는 자극을 전달할 때에 언제 어떻게 하는가에 따라 효과는 달라지기 때문입니다.
	모든 질문이 아이의 각성을 만들어 내지는 않습니다. 열린 질문을 하되 아이의 탐구심을 높이기 위해서는 단계적으로 고민하여 정답을 찾아내고, 지적 호기심이나 지적 갈등을 유발하게 만들어 줘야 합니다.
	자료나 학습 방법을 다양하게 하여 변화를 준다면 주의 집중력을 높일 수 있습니다. 늘 같은 방법으로 공부를 하지 않게 만들어 줄 수 있다면 좋습니다.
관련성 **(Relevance)**	아이가 공부할 때 왜 그것을 배워야 하는지를 인식할 수 있도록 하는 것이 중요합니다. 공부를 통해 도움이 되는 것이 무엇인지를 구체적이고 현실적으로 제시하세요.
	아이가 심리적으로 안정된 상태에서 학습에 임할 수 있도록 도와주세요. 부모님의 교육적 가치를 아이에게 지나치게 강요하는 것은 좋지 않습니다.
	아이들의 문화적 특징을 파악하여 생각의 차이를 좁혀야 합니다. 우리가 생각하는 사고방식들이 아이가 생각하는 사고방식과 맞지 않을 경우에는 서로의 차이를 좁히려는 노력이 필요합니다.

ARCS 모형	동기 향상을 위해 전하는 학습 팁
자신감 (Confidence)	아이는 자신도 모르게 스스로를 다른 사람과 비교하고 있을 수 있습니다. 그럴 때 부모님 또한 다른 사람과 비교하기보다는 성공할 수 있다는 자신감을 먼저 심어주려는 노력이 필요합니다.
	아이에게 성공의 경험을 주기 위해서 어느 시점에서 어느 수준으로 힌트와 안내를 제공해야 할지를 고민하여 도움을 줄 수 있는 어른이 되어야 합니다.
	아이가 감당할 수 있을 만큼의 과제를 제시하고, 메타인지 전략을 활용하여 자신의 학습 과정을 돌아볼 수 있는 기회를 함께 만들어 가면 좋습니다.
만족감 (Satisfaction)	아이는 자신의 행동에 대한 보상이 주어질 때에 더 열심히 하게 됩니다. 아이에게 만족감을 주기 위해서는 기준이 분명하고 지속적으로 보상이 제공되면 더 좋습니다.
	내가 알지 못했던 것에서 오는 즐거움과 만족감, 그리고 다른 사람을 가르칠 때 나타나는 배움 등을 생각할 수 있는 기회를 제공해 주세요. 배움의 즐거움을 느끼게 될 것입니다.
	공정성이 무엇보다 중요합니다. 아이가 공정함을 느낄 수 있도록 해야 하고, 다른 사람과 비교하지 말고 오롯이 자신의 목표를 위해 달려 나갈 수 있도록 도와주는 것이 필요합니다.

2

우리 아이를 변화시키는

자기주도학습

자기주도학습력은 충분히 키울 수 있습니다.

마음먹기부터 점검하기까지의 4단계와

딱 맞는 노트 필기법을 알려주세요.

Q 아이가 혼자서는 책상에 5분도 앉아있지 못하는 것 같습니다. 자기주도학습 능력을 기르려면 어떻게 해야 할까요?

A 무언가를 이루어 내면서 의미를 만들어 가는 삶을 위해서는 아이들의 눈에 뚜렷하게 보이는 목표가 필요합니다. 자기주도학습의 시작도 목표 설정입니다. 우리 아이가 자기주도학습의 첫걸음을 뗄 수 있게 도와주세요.

자기주도학습(self-directed learning: SDL)은 학습자 스스로가 전 과정을 결정하고 수행하는 하나의 학습 형태입니다. 학습의 참여 여부에서부터 목표 설정 및 교육 프로그램의 선정과 교육 평가에 이르기까지 전 과정을 학습자가 선택합니다.

이런 자기주도학습 능력은 어떻게 기를 수 있을까요? 자기주도학습을 하는 것은 타고난 능력이 아닐까요? 사실 아이의 자기주도학습 능력은 꾸준한 노력으로 충분히 기를 수 있습니다.

자기주도학습의 첫발을 내딛기 위해서는 학습 동기가 필요합니다. 모든 일이 그렇겠지만 필요성을 느끼고 아이가 접근할 수 있어야 합니다. 마음을 먹어야 스스로 공부할 것을 계획하고 실천하고자 노력합니다. 또 행동에 아이 스스로 책임을 질 수 있어야 합니다.

둘째로 아이가 자기를 조절할 수 있어야 합니다. 아이의 주변에는 공부보다 더 재미있고 흥미 있는 일이 너무나 많을 것입니다. 다양한 유혹을 이겨내고 공부할 수 있는 자기 조절 능력이 필요합니다. 공부를 그만하고 싶을 때도 자기와 약속을 했다면 끝까지 학습을 지속할 수 있는 힘을 길러야 합니다.

아이의 첫걸음이 완벽하지는 않습니다. 계획부터 잘되지 않을 때도 많고 포기하게 되는 경우도 생깁니다. 이렇게 될 때에 아이가 계획과 실천을 점검하고 부족한 부분을 알아차림으로써 수정해 나갈 수 있도록 도와주어야 합니다. 어려움이 생길 때 부모님께 도움을 요청하여 해결하게 된다면 습관이 조금 더 쉽게 형성될 수 있습니다.

모든 일이 그렇겠지만 꾸준함이 필요합니다. 단순히 몇 번 실천하다가

멈춰버린다면, 지속적으로 했던 노력이 물거품이 되고 맙니다. 아이가 꾸준하게 실천할 수 있도록 함께 노력해야 합니다. 실천에서 마주하는 다양한 어려움을 함께 해결하는 지혜가 필요할 것입니다.

자기주도학습이라는 용어의 함정에 빠지지 말아야 합니다. 자기주도라고 해서 모든 것을 아이에게 맡겨두는 것이 아닙니다. 아이가 올바르게 걸어가고 있는지 확인하고, 수정이 필요한 부분은 적절하게 조언을 해 주어야 합니다. 계획대로 실천되고 있는지, 실천되지 않는 이유는 무엇인지, 배움 노트는 잘 작성하고 있는지 등을 꾸준히 관찰하며 함께해야 합니다.

아이들이 노력한 만큼 결과를 얻지 못한다면 살펴보아야 합니다. 공부를 효율적으로 하고 있는지 점검할 필요가 있습니다. 노트 필기법만 바뀌어도 공부의 효율은 올라갈 수 있습니다. 아이에게 딱 맞는 노트 필기법을 찾아주어야 합니다.

자기주도학습을 통해 자신의 능력과 필요한 환경을 알게 됩니다. 알맞은 학습 방법을 터득하게 되면, 학습 집중력 향상과 자신감과 자부심을 가지게 될 것입니다. 자신감을 얻게 되면 자연스럽게 어려운 문제에 도전하려는 마음도 생기게 됩니다.

그 자신감은 일상생활 속에서도 빛이 납니다. 자립심이 생기고 자신의 삶에 만족감을 느낄 수 있습니다. 삶을 행복한 방향으로 선택하며 살 수 있습니다. 이것이 아이의 행복한 인생, 만족하는 삶이 될 것입니다.

자기주도학습의 4단계

자기주도학습은 일반적으로 다음의 네 단계로 진행됩니다. 어떤 과목이라도, 어느 시기의 공부라도 순서와 방법은 비슷합니다. '처음부터 잘할 수 없고 서툴 수밖에 없다'는 점을 염두에 둔다면 결코 어렵거나 불가능한 일은 아닙니다.

1단계 - 마음먹기
목표 설정하기(동기 부여)

2단계 - 도전하기
공부 계획 세우기

3단계 - 실천하기
과목별 실전 공부

4단계 - 돌아보기
평가하기 · 정검하기

1단계 - 마음먹기

아이가 목표를 세울 수 있도록, 꿈을 가질 수 있도록 본격적인 대화를 시작합니다. 내 인생의 목표를 내가 세우는 것, 목표를 세운 다음 그 목표를 향해 힘차게 출발해보는 것이 자기주도학습의 시작이 되어야 합니다.

2단계 - 도전하기

계획을 세우고 계획대로 실천하는 과정을 직접 경험하게 해보는 것이 중요합니다. 공부에 대한 계획을 아이가 직접 짜고 주도권을 가지고 실천해 봐야 공부의 자발성을 끌어낼 수 있습니다.

3단계 - 실천하기

공부의 출발점은 교과서이기 때문에 교과서를 반복해서 읽고, 그 내용을 기억해서 정리해보는 것이 학습 공백을 채울 수 있는 가장 확실한 방법이 될 수 있습니다.

4단계 - 돌아보기

학습 후 아는 것과 모르는 것을 구분하고 스스로 세운 계획을 점검해봐야 합니다. 그리고 다음 계획에 점검한 내용을 반영함으로써 자기주도학습이 수정, 발전되어 간다면 습관으로 형성될 수 있습니다.

아이에게 딱 맞는 노트 필기법 알려주기

다음은 노트 필기 예시입니다. 코넬식 노트 필기법이 가장 유명하고, 배움 공책 작성법도 있습니다. 우리 아이에게 딱 맞는 노트 필기법이 무엇인지 살펴보세요. 학습이란 '배우는(學) 시간'도 중요하지만 '익히는(習) 시간'이 더 중요할 때가 많습니다. 배운 내용을 충분히 자기만의 언어로 익힐 수 있게 도와주세요.

코넬식 노트 필기법

제목 영역   자석의 극을 알아보자.

키워드 영역	**노트 필기 영역**
자석의 극	자석에서 철로 된 물체가 가장 많이 붙는 부분 자석의 힘이 센 부분 → 자석의 극이라고 함.
인력	다른 극끼리 당기는 힘
척력	같은 극끼리 밀어내는 힘

요약 영역   자석에는 가장 힘이 센 부분이 극이다.

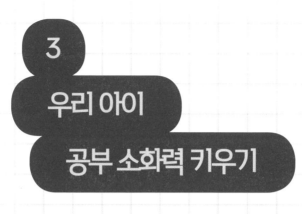

3

우리 아이
공부 소화력 키우기

내용을 새롭게 아는 것도 중요하지만,

배운 것을 정리하는 소화 과정이 꼭 필요합니다.

그 과정을 스스로 할 수 있는 아이로 지도해주세요.

Q 문제집 풀기 말고 아이 스스로 공부를 할 수 있는 다른 방법은 없을까요?

A 우리 아이가 배움의 주체가 될 수 있게 도와주세요. 음식도 꼭꼭 씹어 잘게 부순 다음 삼켜야 소화가 잘됩니다. 문제집 풀기에 앞서 우리 아이 공부 소화력을 키워주세요. 스스로 배운 내용을 정리할 수 있는 소화 과정이 중요합니다.

문제집을 푸는 것만이 공부는 아닙니다. 문제집을 몇 권 풀었는지, 어떤 문제집을 풀고 있는지는 그다지 중요하지 않습니다. '공부=문제집 풀기'라는 공식은 아이의 잠재적 학습 능력과 학습에 대한 흥미와 동기를 떨어지게 하는 부작용이 있습니다.

물론 때로는 문제집을 활용한 공부도 필요합니다. 성취수준을 평가하거나 특별히 어려워하는 부분을 찾을 수도 있으며, 보충 지도를 통해 보완할 수도 있기 때문입니다. 하지만 음식도 꼭꼭 씹어 잘게 부순 다음에야 소화가 되듯, 문제집 풀기보다는 배운 내용을 정리하는 소화 과정이 우선되어야 합니다.

스스로 익히는 과정인 '습(習)'을 위한 세 가지 활동을 추천 드립니다. 첫째는 자신만의 '생각 틀'로 배운 내용을 정리하는 것입니다. 둘째는 스스로 묻고 답하여 아는 것과 모르는 것을 구분하는 메타인지의 과정입니다. 셋째는 자신의 말과 글로 배운 내용을 전할 수 있는 유튜브 강의 스크립트 만들기입니다.

첫째, 생각 틀은 학습을 통해 얻은 지식이나 생각(아이디어)을 한눈에 알아볼 수 있도록 도형이나 그림으로 나타내는 것을 말합니다. 생각 틀의 형태는 마인드맵(생각그물), 설명 틀, 순서 틀, 분류 틀, 원인-결과 틀, 비교 틀, 쌓기 틀 등 주제와 쓰임에 따라 모양이 다양합니다.

생각 틀은 이름이 다양합니다. 그래픽 오거나이저(Graphic Organizer) 또는 씽킹맵, 비주얼씽킹, 플로우맵, 마인드맵 등으로 불리며, 간단히 검색만 해보아도 더 다양한 생각 틀을 참고하실 수 있습니다.

둘째는 메타인지 활동을 소개합니다. 소크라테스는 '나는 내가 아무것도 모르고 있는 것을 알기 때문에 현명하다.'라고 했으며, 공자 또한 '아는 것을 안다고 하고, 모르는 것을 모른다고 하는 것이 아는 것이다.'라고 하였습니다.

바로 '메타인지', 즉 내가 아는 것과 모르는 것을 인식하는 것의 중요성을 강조하는 말들이지요. 문제 은행 만들기를 해보세요. 스스로 배운 것에 대해 문제를 내어 얼마나 알고 있는지 알아보는 활동은 배운 내용을 정리하는 것 이상의 능동적인 활동입니다.

스스로 문제를 만들면 미리 풀이 과정과 답, 주어진 조건들을 생각하게 됩니다. 아주 훌륭한 메타인지 훈련법입니다. 어떤 개념이 사용되면 좋은지, 문제의 조건이 무엇인지, 내가 제대로 아는지 모르는지, 거꾸로 되짚어 볼 수 있기 때문입니다.

셋째, 나만의 유튜브 강의 스크립트를 만들어 보세요. 듣는 사람을 고려하며 강의 스크립트를 만드는 것은 아주 효과적인 정리 방법입니다. 동영상을 찍기 전에 대본을 만드는 것은 재미있기 때문에 동기도 훌륭합니다. 아이들은 놀이라고 생각하고 학습을 즐길 수 있습니다.

사실 남을 가르치기 위해서는 그 내용을 정말 잘 이해해야 합니다. 또 듣는 사람이 분명히 있는 활동이니 그 사람의 입장에서 듣기 쉽게 전달되어야 합니다. 아주 어려운 과제입니다. 그러나 재미있다고만 느끼면 아이들은 정말 쉽게 도전하고 열정을 빛냅니다.

이 세 가지 활동을 뒤에서 조금 더 실천하기 쉽게 소개해드리겠습니다. 천천히 생각 틀로 배운 내용을 정리하기, 스스로 문제 은행 만들기, 유튜브 강의 스크립트 만들기를 시도해 보세요. 아이의 취향과 수준에 맞는 단계를 집중 활용하는 것도 좋습니다.

| 우리 아이 배움의 주체로 세우기 1 |
나만의 생각 틀로 학습 정리하기

처음에는 누군가 이미 만들어 놓은 틀을 사용하다 익숙해지면 자기만의 생각 틀을 고안하여 정리하는 단계로 발전할 수 있습니다.

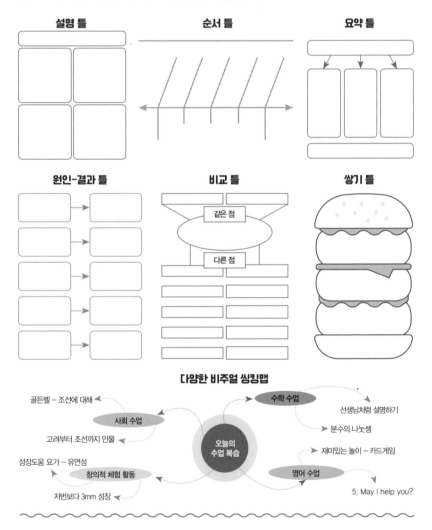

설명 틀

순서 틀

요약 틀

원인-결과 틀

비교 틀
같은 점
다른 점

쌓기 틀

다양한 비주얼 씽킹맵

골든벨 – 조선에 대해
사회 수업
고려부터 조선까지 인물
성장도움 요가 – 유연성
창의적 체험 활동
저번보다 3mm 성장

수학 수업
선생님처럼 설명하기
분수의 나눗셈
재미있는 놀이 – 카드게임
영어 수업
5. May I help you?

오늘의 수업 복습

오감으로 생각 정리하기

제목:

생각 모으기 기자수첩

생각 쌓기 아이스크림

제목:

벤다이어그램식 비교

A

B

| 우리 아이 배움의 주체로 세우기 2 |

스스로 문제 은행 만들기

사용할 수와 낱말, 조건을 아이가 고르게 하여 서술형 문제를 만들 수 있습니다. 쓰기가 아직 서툰 아이는 선택한 내용을 부모님이 받아 써 줄 수도 있겠지요. 또 문제의 난이도에 따라 크레딧(점수)을 쌓아 보상을 줄 수도 있습니다.

예시

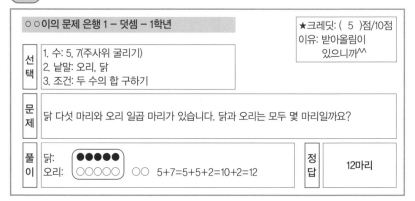

연습

		★크레딧: (5)점/10점 이유:
선택		
문제		
풀이		정답

| 우리 아이 배움의 주체로 세우기 3 |
나만의 유튜브 강의 스크립트 만들기

다양한 문장 읽기 부호와 색깔 등을 사용하여 전달하고자 하는 내용에서 중요한 부분을 강조하여 말하기를 실제 가족이나 친구, 더 나아가 유튜브 1인 방송으로 발표할 수 있다면 배움의 주체로서 가장 소화력 높은 학습 방법이 아닐까 합니다.

예시 안동 하회마을 소개 스크립트

오늘 소개해드릴 장소는 / 바로 안동 하회마을인데요. /	
안동 하회마을이라면 / 아는 분은 아시겠지만(↗)	소개
조선시대를 대표하는 마을이었죠. //	
이곳의 장점은 / 아직도 한옥으로 된 집들을 볼 수 있다는 건데요.(↗)	
나무와 꽃들 사이에 한옥은(↗) / 정말 예뻐서 사진 찍기 좋아요. /	장점
사실 / 그것뿐만이 아닙니다! /	
교과서에도 나오는 탈놀이! / 바로 탈놀이를 볼 수 있다는 겁니다. /	
하회별신굿탈놀이 공연의 특징은 바로 오래된 전통인데요.(↗)	
아직도 조선시대 때 입었을 것 같은 옷과 / 상투를 튼 머리 /	특징
북과 장구의 연주 / 음악과 어울리는 노랫말을 듣다보면(↗)	
우리 민족은 예전에도 문화가 뛰어났구나! / 느낄 수가 있습니다. //	
자! 그럼 / 천천히 안동 하회마을을 구경해볼까요?(↗) /	증거
바로 보시죠. //	

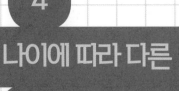

4

나이에 따라 다른 자기주도학습 알아보기

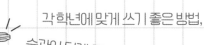

자기주도학습의 형태는 나이에 따라 다릅니다. 각 학년에 맞게 쓰기 좋은 방법, 습관이 되게 도와주는 방법을 살펴보세요.

Q 아이가 자기주도학습을 해야 하는데, 제가 다 가르쳐 주는 것 같아요.

A 아이들은 성인처럼 완벽하게 자기주도적으로 할 수 없습니다. 처음에는 학습코칭처럼 교사나 부모의 안내로 자기주도학습을 합니다. 경험이 쌓이고 학습 전략이 익숙해질수록 더 나아간 자기주도학습을 할 수 있습니다. 나이에 따라서 자기주도학습의 양상이 다른데, 학년별로 알아보도록 할까요?

성숙한 자기주도학습은 대학생들이 시험기간에 학습하는 모습을 살펴보면 잘 알 수 있습니다. 교수님께서 중간고사나 기말고사 시험을 칠 때 시험 범위 말고는 가르쳐주는 게 없습니다. 그래도 대학생들은 척척 공부를 합니다.

대학생들은 학습에 대한 동기가 있습니다. 이유는 다양합니다. 좋아하는 공부라서 하는 사람도 있고, 취직을 위해, 더 좋은 학점을 받기 위해 하는 사람도 있습니다. 어떤 이유든 학습 동기가 있고 열심히 공부합니다.

시험기간 학습 계획을 짭니다. 계획은 시험 일정에 따라, 학습량에 따라, 학습의 난이도에 따라 다릅니다. 필요하다면 학습 인맥을 동원하기도 합니다. 스터디 그룹을 만드는 것도 익숙하죠.

이런 대학생의 모습을 우리 아이들에게서 기대하기는 어렵습니다. 아직 학교에 입학하지 않은 미취학 학생이나 초등학생은 그 나이에 맞는 자기주도학습의 모양이 있습니다. 그럼 우리 아이에게 맞는 자기주도학습은 어떤 것인지 살펴볼까요?

초등학교 입학 전

놀이밥 삼촌 편해문 작가는 자신이 쓴 책에서 '아이들에게는 놀이가 밥'이라고 표현하였습니다. 직접 만나 연수를 들은 적이 있는데, 직업이 작가인데도 책은 아이들이 놀다놀다 노는 데 지쳐서 뭐 할까 생각이 들 때쯤 읽는 거라고 말씀하시더군요. 우리가 중시하는 독서보다 아이들에게는 놀이가 우선입니다.

아이들은 놀이를 통해서 많은 것을 배웁니다. 그래서 요즘에는 유치원이나 초등학교 수업에서도 놀이를 통한 학습을 많이 강조하고 있습니다. 교육과정에 놀이가 들어왔다는 것을 보면, 또 『교실 놀이』라는 책이 익숙해진 것을 보면 놀이의 위상과 중요성이 상당해졌음을 알 수 있습니다.

아이들이 놀이를 통해 배울 때는 자기주도적인 학습이 일어납니다. 여기서 학습은 국영수 공부가 아닙니다. 아이들에게 놀이는 곧 삶에 대한 학습입니다. 규칙이 핵심입니다. 반칙하면 안 됩니다. 놀이를 할 때는 내 목숨도 하나, 어른들의 목숨도 하나, 공평하다는 것을 잊지 말아야 합니다.

놀다놀다 지칠 때쯤은 그림으로 표현력을 지도해주세요. 우리 집 아이가 유치원에서 하는 시장 놀이 구매 계획서를 작성하는 날이었습니다. 시장 놀이를 할 때 사야 할 물건을 적어 가야 하는데, '글씨를 몰라서 어떡하지?' 물었더니, '그림으로 그리면 되지.'라고 흔쾌히 답하는 것이었습니다.

그림으로 표현력을 길러주는 게 자신감과 효능감에 얼마나 중요한지 알 수 있었습니다. 글씨를 배우기 이전에는 많은 생각과 창의성을 그림으로 빛낼 수 있게 도와주세요.

초등학교 저학년

초등학교 저학년 학생들은 책 읽기와 일기 쓰기로 자기주도학습을 배웁니다. 이 아이들이 학습하기 가장 쉬운 내용이 책 읽기입니다. 자기주도적 학습은 학습에 대한 동기, 학습 계획, 실천이 중요한데, 책 읽기는 모든 것을 만족할 수 있습니다.

그리고 이 시기에 일기 쓰기를 시작하면 좋습니다. 초등학교 1학년 때 그림일기 쓰기를 배웁니다. 집에서라도 그림일기를 검사하면 좋습니다. 국어 책에도 있으므로 시작하기에 안성맞춤인 시기입니다.

매일 조금씩 함께 읽고 쓰는 시간을 나누세요. 부모님은 가계부를 쓰거나 다이어리를 쓰면 좋습니다. 스스로 하는 것이 무엇인지 배울 수 있도록 부모님께서 보여주셔야 합니다. 아이와 함께 있을 때는 편리한 스마트폰 앱 대신, 종이로 된 노트나 다이어리에 같이 써보면 좋습니다.

중요한 것은 꾸준히 하는 것입니다. 습관이 되려면 뭐든 한번 정해놓은 것은 끝까지 해야 합니다.

일기 쓰는 게 어렵다면 단순히 오늘 한 일이나 오늘 푼 문제집이라도 간단히 쓰면 좋습니다. 오늘 읽은 그림책의 제목이라도 적게 해서 꾸준하게 습관을 잡아 가는 것이 중요합니다.

초등학교 고학년

초등학교 고학년 학생들은 배움 노트 쓰기로 자기주도학습을 배우면 좋습니다. 2019년에 처음 나타나 전 세계적으로 유행하며 일상생활을 뒤흔든 코로나-19 바이러스가 있습니다. 이때 학교 현장도 매우 큰 혼란을 겪었습니다.

다양한 원격 수업 중 학생이 실제로 학습을 했는지 확인하기 위해서 배운 내용을 적도록 한 방법이 '배움 노트'입니다. 이전에도 노트 정리는 몇몇 학생들이 하고 있긴 했지만, 많은 아이들에게 장려된 건 그때 이후였습니다.

요즘에는 다양한 배움 노트를 시중에서도 팔고 있습니다. 또 노트 정리를 하는 방법도 유튜브나 블로그에 많이 나와 있습니다. 가장 대표적인 코넬식 노트 정리법도 저희 책에 소개되어 있습니다.

어떤 방법의 배움 노트이든 시작이 중요합니다. 초등학교 저학년 때부터 형성된 공부 습관이 고학년 배움 노트 습관으로 이어지면 더 좋겠습니다. 하루에 10분이라도 익히는 습관이 있으면 자기를 돌아보는 지능도 키울 수 있고, 정말 배우고 공부하는 느낌이 듭니다. 꼭 실천할 수 있게 도와주시면 좋겠습니다.

사춘기와 관련해서 드리는 조언

고학년 담임을 하다 보면 사춘기에 대한 고민을 말씀하시는 부모님이 많습니다. 초등 입학 전과 저학년 때 그렇게 예뻤던 아이가 언제부터인가 달라지기 시작했다는 말씀입니다. 너무 당연한 이야기입니다.

아이가 독립을 시작할수록, 자신만의 색을 내기 시작합니다. 사춘기는 부모의 자아 동그라미 안에 있던 자녀의 자아 동그라미가 점점 독립하는 과정에서 생기는 갈등이라고 보시면 됩니다. 바로 뚝 떨어져서 멋진 성인이 되는 것이 아니라, 어떤 부분이 독립적이고 싶은지 어떤 부분은 의존하고 싶은지 대화를 나누는 것과 같습니다.

고학년으로 갈수록 아이에게 더 많은 권한을 주시고, 격려하고 확인해 주는 선에서 자기주도학습을 하십시오. 친절한 마음으로 충분한 대화가 먼저입니다. 자녀의 자아 독립을 응원해주시고, 많이 격려해주세요. 우리 아이가 살아갈 세상입니다.

초등 교사가 실천하는 저학년 자녀 독서 지도법

일주일 동안 읽을 수 있는 책 분량 정하기

우리 아이가 1~2학년 때는 토요일, 일요일 제외하고 매일 5권 정도의 그림책을 읽도록 하였습니다. 그러면 2주 동안 40권 정도의 책을 읽게 됩니다. 3학년 때는 동화책 2~3권 정도로 읽을 분량을 정했습니다.

책 빌리기 및 독서 습관 잡기

2주마다 도서관에 우리 가족이 다 같이 가서 50권 정도의 책을 빌려 옵니다. 이렇게 도서관에서 책을 빌리는 것에 습관을 들이면, 아이가 책을 꾸준히 읽을 수 있습니다. 도서관에서 빌린 책은 연체하면 안 되니까 2주에 한 번씩은 꼭 돌려주러 가야 하므로 습관 잡기가 좋습니다.

예습 – 책읽기 – 복습

아이가 읽은 책을 제가 미리 읽어봅니다. 단순히 내용 파악을 위해서 읽으면 아주 빠르게 읽을 수 있기 때문입니다. 아이에게 무슨 책이 가장 재미있었는지, 어떤 내용이 있었는지 물어봅니다. 읽은 책으로 실컷 대화를 합니다. 이 대화가 '하브루타'인데, '토론, 토의'라 불리기도 합니다. 이렇게 대화를 나누면 아이가 좋아하는 책의 종류나 내용 파악도 됩니다. 다음 날 읽을 책을 고르거나, 엄마가 추천한 책 4권을 꺼내주며 제목만 한 번씩 읽어 보게 합니다.

독서 동기 부여

독서에 대한 동기를 부여하기 위해서 오늘 읽은 책 중에서 2~3권 정도를 잠자기 전에 엄마가 읽어줍니다. 개인적으로 책 읽기를 안 한 날은 자기 전에 저도 책을 읽어주지 않았습니다. 대부분의 아이들은 잠자리에 누워서 엄마가 읽어주는 책을 듣는 것을 아주 좋아합니다.

3학년부터의 독서가 달라진 점

3학년이 되어서는 100쪽 정도 되는 책을 읽혀봅니다. 그림책 중에도 양서가 정말 많지만, 글밥이 있는 책도 좋습니다. 무엇보다 계획을 세워서 꾸준히 읽는 습관 자체가 중요합니다. 습관만 잡혀 있다면 언제 시작해도 많은 책을 읽어낼 수 있을 것입니다.

독서로 가르칠 수 있는 자기주도학습

아이가 어떻게 학습을 계획하고 또 실천하는지 배우는 단계입니다. 책을 매개로, 엄마 주도로 독서를 하였지만 책을 언제 읽을지, 어디서 읽을지는 아이가 결정할 수 있습니다. 또 얼마만큼 읽고 어떤 동기에서 시작하든 스스로 한다는 점을 크게 지지하고 격려해줄 수 있습니다. 독서 습관이 형성되어 있는 학생은 언제든지 공부 습관도 자리 잡을 수 있다고 생각합니다.

6장

우리
아이
학습 인맥
넓히기

사람에게 가장 필요한 것은 사람입니다.
가장 어려운 일이 있을 때도

누군가는 나를 지지해주는 믿음이 있어야 무너지지 않습니다.

학습 인맥을 챙기는 것부터 가르쳐보세요.

누군가를 들여다보고 신경 써주는 것,
함께 학습할 친구를 만들어보고 관계를 유지하는 것도

삶에서 꼭 필요한 배움입니다.

우리 아이 학습 인맥 다지기

우리 아이 학습 인맥을 함께 살펴보고,

감사의 마음을 표현하세요.

참 소중한 관계입니다.

Q 맞벌이 부부라서 일 끝나면 밥 챙기고 집안 정리로
아이 공부를 못 봐주는 것 같아요.
이제 갓 초등학교에 입학한 막내는 준비물, 받아쓰기 공부도
제대로 못 챙겨주어 더욱 안쓰러운 마음이 듭니다.

A 자녀 밥 챙겨 먹이기에도 바쁜 것이 요즘 맞벌이 부모님들의 현실입
니다. 하지만 아이들에게는 어떤 형태로든, 그게 누구든 간에 학습과
생활의 길잡이가 될 수 있는 학습코치가 필요합니다. 어쩌면 형제가
될 수도 있고, 응원과 조언을 아끼지 않는 조부모님이나 친척도 가능
하고, 이웃이나 학교에서도 찾을 수 있을 것입니다. 부모님 외의 학습
인맥, 아이의 학습코치를 찾아주세요.

170

우리 아이의 학습코치는 누구인가요? 어린이집, 유치원, 동네 종합학원, 심지어 태권도학원 선생님, 우리 초등학교 담임 선생님?

기억이 닿는 제 유년 시절 첫 학습코치는 돌아가신 할아버지입니다. 그때는 10원짜리 동전 두어 개로 바꿀 수 있는 행복한 경험들이 넘쳤던 시절이었습니다. 달달함에 늘 목말랐던 예닐곱 살짜리 여자애가 10원짜리 동전을 얻을 수 있는 유일한 방법은 할아버지 앞에 무릎 꿇고 앉아 천자문을 외는 것이었습니다.

자식 일곱을 둔 아버지, 어머니가 여전히 할아버지의 경제권 아래 살림을 꾸리던 처지라, 막내인 제게 용돈이 나올 수 있는 구멍이라곤 할아버지가 유일했습니다. 할아버지는 제법 규모 있는 시골 읍내에서 한약방을 하시며 지관도 겸하시고, 주역 등을 읊으시며 사주팔자도 봐주시던 자타공인 한학자셨습니다.

할아버지 천자문 은행은 가끔 이웃집 남자아이들에게도 문을 열어 주었는데, 어리지만 진도가 훨씬 앞선 저와 '하늘 천, 땅 지, 검을 현, 누를 황……'까지만 겨우 웅얼거리는 나이 찬 그들과 비교하며 즐거워하셨습니다. 할아버지의 흐뭇해하는 눈빛이 어린 저에게도 전해져 왔을 정도입니다. 어쩌면 여섯째 딸로 존재감 없이 태어난 손녀의 기를 살려주시려는 고도의 작전이 아니었을까 되새김해 봅니다.

천자문을 외어야 용돈을 주신다는 할아버지의 규칙은 엄격했고, 거의 매일 천자문을 외던 그 시간이 영원할 것만 같았지만 끝은 있었습니다. 듬직한 거인 같던 할아버지가 중풍으로 쓰러져, 때 묻은 책상 대신 두터운 이불에 종일토록 누워계신 이후에는 점점 멀어져 갔습니다.

저의 두 번째 학습코치는 아버지가 운영하시던 목공소의 한 아저씨였습니다. 아저씨는 집안 형편상 초등학교 6학년 때부터 밥만 얻어먹는 견습생으로 시작하여 어엿한 일꾼이 된 식솔과 같은 존재였습니다.

목공소 마당이 놀이터였던 시절, 아저씨는 톱밥 창고에서 쓸 만한 나무 조각들을 찾아내 자랑하면 '이건 네모야', '이건 세모구나' 하면서 가르쳐주던 선생님이었습니다.

쓰임에 따라 크기와 모양새가 다른 각종 대패나 톱 같은 연장들을 한쪽 벽면에 가지런히 정리하는 규칙을 설명해 주곤 하셨는데, 어른들이 자리를 비우면 몰래 따라하곤 했습니다. 그때마다 연장 망친다고 혼쭐을 내면서도 자리를 고쳐주며 또다시 설명을 해주는 참으로 끈기 있는 선생님이었습니다.

저의 세 번째 학습코치는 형제자매였습니다. 띠 동갑인 맏언니에게서는 씻고 닦는 일상의 노하우를, 동네에서 천재로 불리던 둘째 언니에게서는 책 읽기를, 깍쟁이 셋째 언니에게서는 제 물건 살뜰히 챙기는 경제 관념을 배웠습니다. 넷째 언니에게서는 그리고 만들고 붙이는 예술을, 다섯째 언니에게서는 동네 친구들과 이웃들과 나누고 어울리는 사회성을 배웠습니다. 또 장남이자 3대 독자인 동생에게서는 산과 들로 뛰어 다니며 노는 법을 배웠습니다.

공부는 그저 되는 마술이 아닙니다. 누구나 그랬듯 초등학교 입학할 때 이름 석 자나 겨우 쓸 줄 알았던 6녀 1남 중 막내딸은 여러 훌륭한 학습코치들 덕분에 한글을 떼고, 좋아하는 책을 골라 읽으며 중학교, 고등학교, 대학교를 거쳐 남을 가르치는 교사가 될 수 있었던 겁니다.

저의 학습코치들은 빨리 하라고 다그치지 않았고, 무엇을 하라고 몰아세우지도 않았으며, 느리다고 타박하는 법 또한 없었습니다. 돌아보면 참 감사한 인연입니다.

우리 아이는 지금 어떤 학습코치를 만나고 있나요?

우리 아이의 학습 인맥 지도 만들기

학습 인맥 쌓기는 거창한 일이 아닙니다. 아이 주변에서 학습코치가 되어 줄 만한 인물들을 찾아 마인드맵으로 학습 인맥 지도를 만들어 봅시다.

우리 아이의 학습 인맥 다지기

학습코치 임명식 같은 작은 이벤트를 가져봅시다. 아이가 학습코치의 존재를 더 든든하게 느낄 수 있고, 학습 인맥을 더 다질 수 있을 겁니다.

그리고 많은 도움을 받았거나 특별히 고마운 분들에게는 감사패나 감사엽서를 만들어 전달해 봅시다. 서툴지만 아이 손으로 만들어 직접 전달하는 것도 감사를 전하는 새로운 배움이 될 것입니다.

임명장

성명 김돌쇠 할아버지

위 사람을 ○○이의 〈역사·한자 공부〉 학습코치로 임명합니다.

20○○년 3월 1일부터
○○이가 역사와 한자를 잘할 수 있을 때까지

20○○년 3월 1일   김○○ 드림

감사패

성명 김돌쇠 할아버지

위 사람은 ○○이의 〈역사·한자 공부〉 학습코치로서
○○이에게 역사와 한자를 잘 가르쳐 주셨기에
이 감사패를 드립니다.

20○○년 12월 31일   김○○ 드림

우리 아이 1번 학습 인맥, '선생님' 사용 설명서

아이의 1번 학습 인맥인 우리 선생님!

잘 소통하시면 좋겠습니다.

'선생님 사용 설명서'를 살펴주세요.

Q 우리 아이 학습 인맥 1번은 선생님입니다.
어떻게 하면 선생님과 소통을 잘할 수 있을까요?

A 목적, 친절, 울타리 존중을 빛내 주세요. 이 세 가지 미덕만 빛내면 어떤 연락이든 행복합니다. 진심으로 그 아이를 위할 수 있습니다. 부모님이 주신 소중한 마음은 차곡차곡 교사에게 쌓이고, 더 큰 마음이 되어 아이들에게 전해집니다. 아이가 더 많은 사랑을 체험하며 바르게 성장했으면 좋겠다는 마음으로 함께 사랑의 언어를 맞추는 게 중요합니다.

"선생님 어떠셔?"

학기 초가 되면 교실은 긴장감이 맴돕니다. 선생님은 학생들이 어떨까, 학생들은 선생님이 어떤 분이실까 서로 처음 보는 자리이기 때문입니다. 게다가 정신적으로는 늘 학생들과 함께인 학부모님도 그 자리에 함께 계신 것과 같습니다.

정신없는 3월을 보내다 보면 학부모 총회나 교육과정 설명회가 열립니다. 그때 이런 것까지 내가 알아야 하나 싶은 내용을 들으면서도, 꼭 학교에 오시는 이유는 단 하나라고 생각합니다. 우리 아이의 담임 선생님을 한번 뵙는, 인사 나누는 자리이기 때문입니다.

아이를 잘 키우려면 부모님과 교사가 함께해야 합니다. 이건 정말 변하지 않는 진리입니다. 하지만 방법을 물으면 시원하게 답해주는 사람이 없습니다. 부모님과 교사 개인이 어떤 성격이냐에 따라 정말 수천수만 가지 상호작용이 있을 수 있기 때문입니다.

그래서 여기서 밝히는 소통 설명서가 현실과 맞지 않을 수도 있습니다. 그래도 본질과 핵심은 있다는 전제하에 글을 써 봅니다. 개인적으로 학부모와 교사의 소통에서 세 가지 키워드는 '목적, 친절, 울타리 존중'이라고 생각합니다.

첫째는 '목적'입니다. 선생님과 부모님이 대화를 나누는 모든 이유는 아이의 성장입니다. 부모님도 아이가 잘 성장하기를 바라고, 선생님도 아이가 잘 성장하기를 바랍니다. 우리 아이가 잘 크기를 바라는 마음, 그 마음 속에 모든 목적이 있습니다.

그러나 말은 '아'와 '어'가 다릅니다. 어떻게 전해지느냐에 따라 같은 목적,

같은 마음이라도 다른 결과를 가져옵니다. 우리 아이가 잘 자라기를 바라는 마음이 우리 아이만 잘 자라기를 바라는 마음으로 들릴 수 있습니다.

반대로 교사의 말이 부모님께 상처가 될 수도 있습니다. 같은 이유라 생각합니다. 같은 말이라도 '아'와 '어'는 다르기 때문입니다. 어떤 말이 상처가 되셨는지는 부모님과 그 선생님만 아시겠지만 이 자리를 빌려, 조용한 위로의 말씀을 드립니다.

그래서 둘째는 '친절'입니다. 결국 사람이 하는 일입니다. 상냥함과 친절이 필요합니다. 사람이 어떤 일을 하는 이유는 크게 두 가지입니다. 하나는 접근 동기, 다른 하나는 회피 동기입니다. 보통 부모님이 교사에게 전화를 거는 이유는 교사가 어떤 행동을 해주기를 바라는 마음 때문입니다.

그때 교사가 어떤 동기로 일을 하게 되는지 살펴주시기 바랍니다. 친절과 상냥함으로 요청하면 교사는 접근 동기로 일을 합니다. 아이의 성장, 학부모님께 안심을 드리고 싶다는 마음, 친절하고 상냥한 관계를 이어가고 싶다는 마음에서 긍정적인 이득을 얻고자 접근하는 동기입니다.

반대로 두려움과 화 등으로 요청하면 교사는 회피 동기로 행동하게 됩니다. 이런 일을 다시는 겪지 않아야겠다는 마음, 교사 자신에게 오는 화살 등을 맞고 싶지 않고, 피하고 싶다는 마음에서 생기는 회피 동기입니다.

접근 동기와 회피 동기는 동기의 지속성이 다릅니다. 접근 동기가 훨씬 지속성이 깁니다. 한번 그런 마음이 생기면, 계속해서 봐줍니다. 계속 우리 아이를 신경써주고 사랑을 주기 위해 노력합니다. 회피 동기는 그때가 끝입니다. 계속해서 회피 동기를 가지는 사람은 없습니다.

친절과 상냥함으로 대화를 나눠주세요. 선생님께 드린 친절이 아이에게

물 흐르듯 전해진다고 생각하시면 편합니다. 우리가 아이의 성장이라는 목적으로 대화를 나누는 것이라면, 서로 상처주지 않고 성숙한 대화를 할 수 있다고 저는 믿습니다.

셋째는 '울타리 존중'입니다. 학기 초가 되면 선생님마다 연락하는 방법을 안내장으로 드립니다. 어떤 분은 업무용 휴대폰을 쓰기 때문에 학교에 있는 시간에만 연락이 된다고 하시고, 어떤 분은 카톡 대신에 문자 메시지로 연락을 달라고 하시기도 합니다.

부모님 입장에서는 황당할 수도 있으실 겁니다. 이 글을 읽고 계시는 대부분의 부모님들은 선생님과의 관계를 존중해, 가급적 업무 시간대와 괜찮을 것 같은 방법으로만 연락하시기 때문입니다.

다만 교사도 사생활이 있습니다. 주말에도 밤낮 가리지 않고 사적으로 연락하시는 어떤 부모님이 계십니다. 아이를 가르친다는 교사의 책임과 의무를 넘어서는 역할까지 너무도 당연하다는 듯이 요구하는 분들도 종종 계십니다.

매일 등교부터 하교까지 한 아이의 생활만 빽빽이 적어야 하는 교사도 있습니다. 법적 분쟁이 생기면 책임 소재를 위해 소명할 것이 있어야 하니까요. 그 아이의 부모님이 하시는 연락은 이해할 수 없는 불안과 의심, 비난으로 가득 차 있습니다.

부디 울타리를 지켜주세요. 교사 개인을 위한 울타리가 아닙니다. 교사가 한 해 만나는 30명의 아이를 위한 울타리입니다. 개인적으로 사랑을 지키는 교사만이 그 사랑을 아이들에게 나누어 줄 수 있다고 생각합니다.

목적과 친절, 울타리만 지키면 사실 어떤 연락이든 괜찮습니다. 무엇이든 연락을 해주세요. 우리 아이의 성장을 위해서 선생님을 많이 찾으셔도 됩니다. 조언을 드리자면 시간이 되실 때 학교에 찾아가는 것도 좋습니다. 문자나 전화로 전하지 못한 더 열린 이야기를 많이 들을 수 있습니다.

뒤에서 자세하게 선생님 사용 설명서를 적겠습니다. 같이 살펴보며 어떤 내용의 연락을 어떻게 드릴지 고민해보시면 좋을 것 같습니다. 자녀의 다른 어떤 학습 인맥보다 우선인 1번 학습 인맥은 바로 담임 선생님입니다. 담임 선생님과 귀한 인연이 되어 함께하는 그 자체가 행복한 시간들로 한 해를 채우시면 좋겠습니다.

학습 인맥 1번, '선생님' 사용 설명서

세 가지 미덕

1. 목적의식
모든 연락의 목적과 이유는 우리 아이의 올바른 성장입니다.

2. 친절과 상냥함
접근 동기를 부르는 친절한 대화를 해 보세요. 우리 아이가 지속적으로 돌봄을 받는다는 느낌을 받으실 수 있습니다.

3. 울타리 존중
정해진 연락 방법이 있으면 울타리를 존중해주세요.

세 가지 미덕을 빛내며 우리 선생님 사용하기

1. 우리 아이 고민 상담
아이가 보내는 어떤 종류의 신호도 괜찮습니다. 선생님과 함께 이야기 나누세요.

2. 우리 아이 학교생활
사회적 기술은 어떤지, 학습 능력은 어떤지 학교생활에 관한 모든 대화가 좋습니다. 더 솔직한 이야기를 듣고 싶다면, 시간을 내어 교실에서 직접 마주하는 상담을 가지는 것도 좋습니다. 우리 아이가 학교에서 쓴 공책이나, 학습 결과물들, 책상과 사물함을 어떻게 정리하는지 등을 모두 살필 수 있습니다.

3. 우리 아이 가정생활
집에서 어떻게 지내는지, 어떻게 지내면 좋을지 가정생활에 대해서도 함께 이야기를 나누는 것이 좋습니다.

4. 학부모 상담 주간 이용하기
1학기에는 짧게 본 교사가 많은 이야기를 못할 수 있습니다. 이때는 아이 이야기를 많이 들려주세요. 건강상의 문제, 학습 이력이나 도움이 필요한 부분, 돌봄이 필요한 부분, 어떤 내용이라도 괜찮습니다.
2학기에는 어떤 교사든 그 아이를 생각하는 내용이 있을 겁니다. 시간이 되신다면 학교에서 직접 듣는 것도 좋습니다. 교실도 찬찬히 둘러보시며 한 학기 동안 어떻게 생활했는지, 변화하거나 성장한 점은 어떤 것인지 물어봐 주세요.

아이를 위한 다양한 정보, 학교에서 얻기

① 다양한 과학 관련 대회

초등학교에서 가장 많은 부분을 차지하고 있는 대회 중 한 가지가 과학 관련 대회입니다. 과학에 관심이 있다고 해도 다 참여하기는 어렵습니다. 학교 차원에서 예선 대회를 통해 대표를 선발하는 경우도 있고, 수업 시간에 학생이 과학에 관심을 가지는 정도와 탐구 능력, 진로 등을 파악한 뒤에 학생을 선별할 수 있습니다. 평소에 관심 있는 탐구거리나 궁금한 내용이 있으면 담임교사나 과학 전담교사와 상의해서 대회에 참여할 수 있습니다.

대회에 관한 정보는 학교에서 안내장으로 발송될 수도 있지만, 각 시도 교육청별로 있는 과학원(과학교육원) 등에서 찾아 볼 수 있습니다.

② 다양한 체험 학습 정보 얻기

여러 단체에서 체험 학습에 관한 정보가 공문을 통해 학교로 전달됩니다. 공문을 모든 학생에게 전하기 어려워서 학교 홈페이지나 게시판에 올려 놓는 경우가 있습니다. 미리 선생님께 문의하면 그런 공문이 왔을 때 챙겨서 알려주실 수 있습니다.

③ 학부모를 위한 정보 얻기

학부모를 위한 원격 연수나 다양한 정보를 얻을 수 있는 곳도 있습니다. 예를 들어 국가평생교육진흥원의 전국학부모지원센터에서 운영하는 '학부모On누리 누리집'(www.parents.go.kr)에 들어가면 학부모 상담도 받을 수 있고, 온라인 학부모 교육, 다양한 교육 뉴스 등을 접할 수 있습니다.

❹ 특별한 행사와 대회에 관한 정보 얻기

보통 4월은 '과학의 달', 6월은 '호국 보훈의 달', 9월은 '독서의 달'입니다. 그래서 해당 월에는 관련 행사나 대회가 자주 열립니다.

6월은 '호국 보훈의 달'입니다. 보훈청에서 진행하는 행사나 대회가 많으며, 교육부가 주체적으로 참여하는 대회가 아니라서 참여자가 적기 때문에 상대적으로 상을 받기에 유리합니다.

9월은 '독서의 달'입니다. 각 지역마다 있는 도서관이나 학교 도서관에서 독서 관련 행사가 많습니다. 물론 관련 대회도 많이 있습니다. 도서관 누리집에 자주 들어가보면 좋습니다.

물론 담임 선생님께 미리 요청해놓을 수 있습니다. 보통 이런 부분까지 모든 학부모님께 알려드리기는 쉽지 않습니다. 하지만 요청해 놓으면 관련 내용이 있을 때 학생과 학부모님이 참여할 수 있게 기꺼이 도와주실 겁니다.

3
멀리 가려면 함께 가라!
친구와의 학습 데이트

하브루타에서 토론보다 중요한 건
함께 토론할 사람을 찾는 것입니다.
친구와 놀이 모임, 아니 공부 모임을 시작해보세요.

Q 선생님만의 특별한 학습 비결이 있으세요?

A 제 유일한 비결은 '그룹 스터디'입니다. 임용고시를 혼자 공부했다면 저는 아마 선생님이 되지 못했을 겁니다. 임용고시 준비 모임이 저를 합격의 길로 이끌었습니다. 그래서 저는 수많은 학습 전략을 제쳐두고, '그룹 스터디'를 1번 비결로 뽑습니다. 공부에 있어서는 단짝, 아니면 함께 공부하는 모임이 반드시 필요합니다.

제가 정말 좋아하는 말이 있습니다. '빨리 가려면 혼자 가고, 멀리 가려면 함께 가라'는 말입니다. 살다 보면 정말 그런 것 같다고 느낄 때가 많습니다. 혼자가 아무리 효율이 높고 빠르게 할 수 있어도, 금방 내려놓고 지치게 됩니다.

잠시 책을 내려놓고서 예시바 대학교 도서관 영상을 찾아봅니다. EBS 다큐프라임 〈우리는 왜 대학에 가야 하는가?〉를 시청하면 큰 도움이 될 겁니다. 영상에는 우리가 생각했던 도서관이 아닌, 시장 바닥의 도서관이 나옵니다.

그곳을 다니는 사람들은 끊임없이 말을 하고 토론을 합니다. 우리나라에서 정말 많은 책이 나온 유대인들의 학습법, 하브루타(havruta)*의 실체입니다. 흔히 하브루타하면 이렇게 서로 얘기를 나누며 토론하는 모습이 가장 먼저 떠오릅니다.

하브루타는 짝을 지어 서로 토론을 나누는 것입니다. 저는 여기, '짝을 짓는다'에 방점을 두고 싶습니다. 마음 편히 공부 주제로 대화를 나눌 수 있는 짝을 구하고 그 관계를 지속하는 것이 토론보다 더 중요한 기술이라 생각합니다.

친구와 함께하면 공부 정서가 배가 됩니다. 친구가 열심히 하면 나도 열심히 하고 싶습니다. 친구가 힘들어하면 친구를 위로해주고 싶고, 친구에게 위로하는 말을 가장 많이, 가장 가까이에서 듣는 사람은 친구가 아니라

키워드 사전 _____
하브루타(havruta) 친구를 의미하는 히브리어 '하베르'에서 유래한 용어로, 학생들끼리 짝을 이뤄 서로 질문을 주고받으며 논쟁하는 유대인의 전통적인 토론 교육 방법입니다. 하나의 주제에 대해 찬반양론을 동시에 경험하는 과정에서 지식을 다층적으로 이해하고, 새로운 아이디어와 해법을 얻을 수 있습니다.

바로 내 귀입니다. 내가 힘들어 지칠 때면 친구가 공감해주고 위로해 줍니다. 다시 힘이 납니다.

우리 아이에게 함께 공부할 기회를 주면 좋습니다. 꼭 훌륭한 과외선생님, 훌륭한 학습코치가 아니더라도 학생들은 서로 함께 배우고 학습합니다. 또, 약속의 의미를 배웁니다. 함께하기에 덜 지치고 데이트하는 것처럼 좋은 기억으로 추억이 됩니다.

이 좋은 학습데이트 어떻게 시작하게 할까요? 정답은 간단합니다. "우리 같이 놀래?"에서 시작합니다. 친구와 함께 노는 것, 얼마나 즐겁나요. 우선은 재미있어야 합니다. 집으로 초대해서 재미있는 것부터 함께하게 해주세요.

어느덧 익숙해지면 놀이 방법을 자연스럽게 권해봅니다. 도서관에 가자고 해서 책을 하나씩 고르게 합니다. 함께 책읽기 놀이를 시작합니다. 책에서 한 줄씩 서로 와 닿은 내용을 나누게 하고, 줄거리 등을 요약해서 말하게 합니다.

그렇게 놀다가 시험기간이 되면 같이 시험을 준비하게 합니다. 학교 시험이라는 목표가 아니라면 다른 목표도 좋습니다. 쉽게 시작할 수 있는 컴퓨터 자격증 공부, 한자 급수 시험 등도 소소한 목표가 될 수 있습니다.

그런 목표를 함께 준비하고 시험을 치르는 과정을 겪게 해주세요. 그 과정에서 소소하게 행복을 쌓을 수 있게 추억을 만들어 주면 더 좋습니다. 마치 샌드위치처럼 놀이와 재미 사이에 학습을 넣는 방법입니다.

친구의 수준은 어떤 수준이 좋을까요? 어떤 수준이든 좋습니다. 조금 부족하면 아이가 스스로 더 잘한다는 자존감을 느낄 수 있고, 비슷하면 더 열정으로 학습할 수 있습니다. 조금 더 뛰어나다면 더 다양한 방식의 사고를 배울 수 있습니다.

핵심은 친구를 좋아하는 마음입니다. 함께 시간을 보내고 싶고, 함께 무언가를 체험하고 싶은 친구라면 좋습니다. 유비, 관우, 장비의 도원결의(桃園結義)*처럼, 단짝끼리의 결의를 만들어주세요. 공부를 조금 덜하더라도 괜찮습니다. 평생의 추억을 만들 수 있고, 무언가 중요한 것을 할 때 함께해 나가는 힘을 경험하고 배울 수 있습니다.

어느 정도 독립된 장소와 시간을 주는 것도 잊지 마세요. 아이들의 관계에 대해서 한 발짝 물러서서 바라보는 것도 좋은 방법입니다.

키워드 사전 _____

도원결의(桃園結義) 나관중의 『삼국지연의』에서 유비, 관우, 장비가 복숭아밭에서 의형제를 맺은 데에서 비롯된 말로, 뜻이 맞는 사람끼리 하나의 목적을 이루기 위해 행동을 같이할 것을 약속한다는 뜻입니다.

학습 효율 피라미드와 하브루타

5%	듣기
10%	읽기
20%	시청각 수업 듣기
30%	시범 강의 보기
50%	집단 토의
75%	실제 해보기
90%	말로 설명하기

학습 효율 피라미드

하브루타는 정말 좋은 공부법입니다. 학습 효율 피라미드를 봅시다. 100분을 공부했을 때, 듣기만 했다면 5분 공부한 것입니다. 읽기만 했다면 10분, 동영상 등 시청각 수업을 들었다면 20분을 공부한 것입니다. 집단 토의를 하면 50분, 실제로 몸으로든 해보면 75분, 누군가에게 말로 설명하면 90분을 공부한 효과가 있습니다. 같은 1시간이라도 효율이 다릅니다. 가장 효과적인 공부 방법은 누군가에게 요약하거나 설명하는 것입니다.

전 세계 인구의 0.2%밖에 안 되는 유대인들이 노벨상을 40%나 수상한 이유가 여기에 있습니다. 같은 100시간을 공부해도 다른 사람들은 효율이 낮지만, 하브루타를 통하면 90시간의 효율이기 때문입니다.

꼭 한 번 배워보면 좋은 공부법입니다. 저도 학습 효율 피라미드와 하브루타를 배우고 나서는 아이들에게 꼭 적용하고 있습니다. 자신의 말로 설명하게 하고, 서로의 짝에게 가르쳐주도록 합니다.

'선생님, 다했어요!'라고 말하는 친구에게 질문을 합니다. 정말 제대로 이해했는지, 숙달되었는지 집요하게 묻습니다. 스스로의 언어로 설명·요약하고 논리적으로 전달할 수 있어야 '진짜 아는 것'입니다.

우리만의 울타리 만들기

모임을 만들었다면 울타리를 세워보세요.

울타리는 우리 모임을 더 알차고 성장이 가득한 모임이 될 수 있게 돕는 약속입니다. 충분히 대화하고, 이야기를 나눈 뒤에 약속을 하세요. 지킬 수 있는 약속만 합니다. 다음은 울타리의 예시입니다.

보석, 사랑, 행복이의 놀이 모임 울타리

- 일주일에 1번, 월요일 7시에 모인다.
- 서로 번갈아 가며 서로의 집에서 모인다.
- 부모님께 말씀드려 맛있는 간식도 먹는다.
- 1시간은 우리가 하고 싶은 것을 하면서 논다.
- 1시간은 공부를 한다.
- 그날 공부한 내용을 부모님께 요약해서 설명한다.

서명 김보석, 박사랑, 이행복

두 명도 좋지만 서너 명이 제일 좋은 것 같습니다. 두 명은 한 명이 안 된다면 나머지 사람도 모임이 불가능한데, 서너 명인 경우에는 한 명이 사정이 생겨도 울타리대로 모임을 할 수 있기 때문입니다. 제목이 놀이 모임인 건 우리만의 비밀입니다.

4

학습종합클리닉센터, 아이를 위한 특별한 인맥

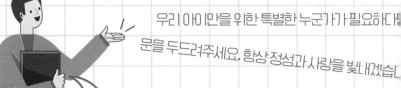

학습종합클리닉센터는 항상 열려있습니다.

우리 아이만을 위한 특별한 누군가가 필요하다면

문을 두드려주세요. 항상 정성과 사랑을 빛내겠습니다.

Q 아이를 위한 조금 더 특별한 학습 인맥은 없을까요?

A 교육청마다 센터를 확인해보세요. 학교와 연결되어 있는 센터들이
많습니다. 학습종합클리닉센터, WEE센터, 특수교육지원센터, 다문
화지원센터 등 대부분의 교육청마다 별도 센터가 있습니다. 그중 학
습종합클리닉센터는 기초학력 향상을 위해 존재하는 센터입니다. 우
리 아이에게 조금 특별한 학습 인맥을 만들어주세요.

'오늘의 배움으로 내일의 꿈을 키우는 희망 징검다리'.

2012년부터 시작된 경북학습종합클리닉센터[※]의 목표입니다. 아이들은 누구나 다양한 모습으로 꿈을 가지고 있습니다. 아이들이 스스로 자신의 꿈을 이루어나가면 좋겠지만, 어려움이 있을 경우 주변의 도움이 필요합니다. 학습종합클리닉센터는 배움을 통해 꿈을 이루는 과정에서 한 걸음 더 나아갈 수 있도록 희망 징검다리를 놓아주는 역할을 합니다.

학습종합클리닉센터는 17개 시도(市道)에 설치되어 지역 특색에 맞게 운영되고 있습니다. 특히, 교육부 계획에 의하면 2022년부터는 모든 교육지원청에 기초학력지원센터를 설치하여 기초학력 향상 등의 도움이 필요한 학생을 적극적으로 지원합니다. 그럼 현재 학습종합클리닉센터가 어떤 곳인지 좀 더 자세히 알아볼까요?

첫째, 또래보다 학습이 느린 학생들을 지원하는 센터입니다. 아이들은 태어날 때에는 학습에 대한 호기심과 즐거움을 가지고 있습니다. 하지만 성장하면서 다양한 이유로 인해 그것을 잠시 잊게 됩니다. 센터는 학생들에게 맞춤형 학습을 제공해 호기심과 즐거움을 다시 가질 수 있도록 도와줍니다.

둘째, 학습 문제뿐만 아니라 정서 문제에도 관심을 가지고 다양한 지원을 합니다. 놀이 치료, 정서 치료 등이 특별한 프로그램이 있는 게 아닙니다. 학생들과 한 걸음씩 라포를 형성하고 재미부터 시작해, 학습과 생활을 더 잘하는 것에도 흥미가 꽃피도록 채워주는 역할을 합니다.

셋째, 더 전문적인 도움이 필요할 경우에는 표준화·비표준화 검사 및

※ **경북학습종합클리닉센터**　2022년부터 기초학력보장법에 따라 '경북기초학력지원센터'로 명칭 변경 예정. 시도교육청별로 명칭과 운영이 다를 수 있음.

치료를 지원합니다. 학습이 느린 이유를 검사 및 치료를 통해 파악하고, 학생 고유의 장점과 강점을 파악해 학습을 지원합니다.

아프리카 속담에 "한 아이를 키우려면 온 마을이 필요하다."라는 말이 있습니다. 아이들을 올곧게 성장할 수 있도록 돕는 것은 가정이나 부모, 학교만의 책임이 아닙니다. 공동체나 지역에 있는 기관들을 활용한다면 아이의 성장에 더 많은 도움을 얻을 수 있을 것입니다.

"선생님, 성장이가 많이 달라졌어요."

"너무나 감사합니다. 내년에도 잘 부탁드립니다."

한 해 동안 아이들을 지도한 후에 현장 담임 선생님들께 가장 많이 듣는 이야기입니다. 비록 작은 변화일지라도 자신의 성장을 읽어내며 응원해주는 누군가가 있다는 것은 아이들에게는 특별한 경험이 됩니다.

한 아이를 위해 누군가가 온전히 조력하는 것은 특별한 일입니다. 학습종합클리닉센터는 언제나 학생들의 학력 향상을 위한 마지막 그물이 될 겁니다. 혹시 학교에서 권유하거나, 부모님께서 고민이 된다면 망설이지 마시고 함께해주시기 바랍니다. 부모님의 고민과 늘 함께 걷겠습니다.

> 어떤 사람의 현재 모습을 있는 그대로 받아들이는 것은 그를 망치는 길이다.
> 그 사람의 가능성이 이미 발현되었다고 믿고 그를 대하면 정말로 그렇게 된다.
> – 요한 볼프강 폰 괴테
>
> 교육은 그대의 머릿속에 씨앗을 심어주는 것이 아니라,
> 그 씨앗들을 자라나게 하는 양분을 공급해주는 것이다.
> – 칼린 지브란

학습종합클리닉센터의 마크입니다. 어떤 것들이 보이고 무엇이 느껴지시나요? 센터 마크에는 아이들을 향한 소중한 메시지들이 들어 있습니다.

가운데 새싹은 우리 아이들 중 도움이 필요한 아이를 뜻합니다. 즉, 학습 결손이나 정서적인 어려움으로 인해 학습에 다소 어려움을 겪는 학생을 말하지요.

두 손으로 감싸는 손 모양은 센터를 의미하는 것으로, 아이들을 사랑으로 감싸주고 희망의 햇빛으로 지속적으로 성장할 수 있게 양분을 제공한다는 의미입니다.

새싹이 어디로 뿌리를 내리시는지 보이시나요? 배움에 뿌리를 내리고 있습니다. 우리 아이들이 스스로 배움에 흥미와 호기심을 느끼며 성장할 수 있게, 흔들리지 않으며 삶을 향유할 수 있게 돕는다는 뜻입니다.

결국 센터의 마크는 모든 아이들이 태어날 때부터 기본적으로 지니고 있는 학습에 대한 호기심과 즐거움의 상태로 되돌아갈 수 있도록 지원하는 종합적인 서비스를 제공한다는 의미를 포함하고 있습니다.

비슷하지만 각자의 역할이 있는 센터들

학생들을 지원하는 센터들에 대해 좀 더 알아보겠습니다.

특수교육지원센터

각 교육지원청별로 특수교육지원센터를 설치, 운영하고 있습니다. 특수교육 대상학생의 조기 발견, 진단 평가, 정보 관리, 특수교육 연수, 교수 학습활동의 지원, 특수교육 관련서비스, 순회 교육, 진로 · 직업 교육 및 체험 등을 지원합니다.

특수교육 관련한 상담이 필요하신 경우 언제든지 센터나 학교로 문의해주시면 친절히 안내해 드릴 것입니다.

Wee 프로젝트

위(Wee) 프로젝트는 흔히 Wee센터로 알려져 있습니다. 정서 지원 중심의 센터입니다. 학교, 교육청, 지역 사회가 연계하여 학생들의 건강하고 즐거운 학교생활을 지원하는 다중의 통합 지원 서비스망입니다.

학교에는 위(Wee)클래스, 교육지원청에는 위(Wee)센터, 교육청에는 위(Wee)스쿨, 가정형 위(Wee)센터, 병원형 위(Wee)센터 등이 개설되어 있습니다. 상담 등 더 자세한 지원을 알고 싶다면 Wee 프로젝트를 두드려주세요.

다문화 가족지원센터

다문화가족지원센터는 여성가족부와 한국건강가정진흥원에서 운영합니다. 다문화 가족의 안정적인 정착과 가족생활 지원을 위한 종합 서비스를 제공합니다. 한국어 교육, 다문화 가정의 자녀 언어 발달 지원, 방문 교육, 다문화 가정 이중 언어 환경 조성 등, 다문화 가정의 아이들이 학교생활을 잘할 수 있도록 도와줍니다.

이밖에도 기초학력지원센터, 난독증 지원센터 등 교육기관에서 무료로 이용할 수 있는 센터들이 지역별로 있을 수 있습니다. 상황에 맞게 지원을 받거나 주변에 고민하고 있는 지인들에게 추천하여 도움을 드리면 좋을 것 같습니다.

아이의 눈높이로 책 읽어 주기 TIP

1 책의 사실을 가르치려 말고, 경험을 공유하라!

오스트레일리아의 한 아동 연구소에서는 아빠가 책읽기를 할 때 언어 발달에 더 긍정적인 영향을 미친다고 했으며, 미국 하버드대 연구팀에서도 어휘, 인지력, 인지 발달 면에서 아빠가 책을 읽었을 때 더 효과적이었다는 결과를 발표했습니다.

그 이유를 살펴보니, 엄마들은 책을 읽으며 책에 나오는 사실에 대해 질문하는 반면, 아빠들은 아이들의 경험이나 실제 사례를 끌어와 이야기를 나누기 때문이었습니다. 그 덕분에 아이들의 집중력도 높아지고, 생각하는 힘이 더 길러진다는 논리입니다.

즉, 책을 읽어 주는 사람이 누구든 "그림 속 사과나무의 사과가 몇 개지?" 하는 사실적 질문보다는 "우리 지난 가을 과수원에서 사과 따기를 했었는데, 그때 몇 상자 땄었지?"라고 경험을 끌어내는 책 이야기를 많이 해 주라는 것이지요.

2 꼭꼭 씹어 먹이는 이야기는 소화도 잘 된다!

어떤 책을 골라 읽어 줄까 고민하지 말고, 아이의 흥미와 관심을 따르세요. 한 권의 책을 여러 번 읽어 주는 것이 열 권의 책을 읽는 것 보다 낫다는 말이 있습니다. 아이가 읽어 달라 조르는 책은 열 번 스무 번 반복해서 읽어 주어도 좋습니다.

전문가의 의견에 따르면 듣는 이해력이 읽는 이해력에 선행하며, 듣기 수준과 읽기 수준은 중학교 2학년 무렵에야 같아진다고 합니다. 그전까지는 듣는 이해력의 수준이 읽는 이해력의 수준보다 몇 살 정도 더 높다고 합니다. 비록 아이의 수준과 맞지 않아 이해하기 힘들다 싶어도 다른 사람의 입을 통해 반복해서 들려주세요. 그러면 제 나이보다 더 높은 수준의 어휘력과 지식 확장에 도움이 될 것입니다.

3 잠자기 전 행복한 경험을 하게 하라!

멋진 가족 여행도 좋지만, 그보다 훨씬 경제적이면서 아이의 인생에 큰 영향력을 발휘할 수 있는 것이 '잠자기 전 책 읽어주기'가 아닐까 싶습니다. 잠자기 전 책 읽어 주는 동안 아이는 편안하게 잠이 들 수 있고, 책 속의 내용을 꿈나라로 이어 갈 수 있기 때문이지요.

매일 밤 책 읽어 주기가 쉽지 않다면 일주일에 1~2회라도 규칙적으로, 또는 책 읽어 주는 시간을 10~15분 씩 짧게 해 매일, 혹은 조금씩 횟수와 시간을 늘려 가는 방법으로 하길 권장합니다. 조금씩이지만 규칙적으로 책을 읽어 주는 것은 아이 인생에 정말 큰 선물이 될 것이라고 확신합니다.

엄마는 오디오북, 아이의 눈높이로 책 읽어주기

글 차현

"세상에 태어나길 참 잘했어~♪♩♬"

다섯 살 생일날 토마스 기차를 선물 받고, 엉덩이를 실룩거리며 자작곡을 흥얼거리던 아이. 긍정의 화신으로 불리던 막내아들이 초등학교 입학 후부터 조금씩 주눅이 들더니 어느새 주변을 맴도는 소극적인 아이로 변했습니다.

직장 생활로 아이를 언니에게 맡긴 상황이라 그저 학교 안 간다는 소리만 안 하면 안심이었고, 한글교육에 유난을 떨었던 첫애와는 달리 잘 먹고 건강하면 괜찮다며 그저 귀여워만 했던 탓일까요. 초등학교 입학 후 받아쓰기 성적도 반타작이고, 짧은 문장 읽는 것도 얼버무리기 일쑤, 자신감도 부족해 소리 내어 읽기를 싫어하는 아들은 당연히 독서와도 멀어질 수밖에 없었지요.

사실 읽기만의 문제는 아니었습니다. 초등 2학년이 되도록 제 이름 '이○○'을 'I○○○'으로 글자의 좌우를 구분 못해 애간장을 태우기도 했습니다. 돌이켜 보면 난독증 초기라 할 수 있는 읽기 장애가 있었던 것 같습니다. 엄마의 무지와 욕심에 입학 초기 왼손잡이에서 오른손잡이로 급히 바꾸려 했던 것이 아이에게 좌우혼돈을 가져온 것이 아닐까 짐작해 봅니다.

3학년 무렵부터 좌우를 혼동하여 쓰는 경우가 없었지만, 긴 문장을 읽거나 한 권의 책을 스스로 소리 내어 읽기는 여전히 힘들어 했습니다. 게다가 TV 만화나 비디오, 컴퓨터 게임을 접하면서부터는 스스로 책을 골라 읽는 모습을 보기가 더 힘들어지게 되었지요.

참으로 다행인 것은 첫 아이뿐만 아니라 둘째까지 뱃속에서부터 엄마의 책 읽어 주기와 이모나 아빠의 베갯머리 책 읽기는 하루도 빠짐없이 이어졌고, 제 입으로 "이제 제 방에서 나가주세요." 할 때까지 계속되었다는 것입니다.

책벌레 누나 덕에 책장을 빼곡히 채우고 있던 그림책이며 동화책들을 아들 스스로 읽지는 않았지만, 엄마나 이모, 아빠의 목소리로 아이의 마음밭에 조금씩 스며드는 오디오북 역할을 했던 것이지요.

아기 때는 어른들의 판단과 선호도에 의해 글밥이 정해졌습니다. 하지만 조금씩 말문이 트이고 제 목소리를 내기 시작할 무렵에는 아이의 관심과 흥미에 따라 원하는 책을 골라 읽어 주었습니다. 주로 자동차, 공룡 등 특정 주제에 대한 책을 무한 반복하여 읽어 주게 되더군요.

특히 자동차는 글밥이 거의 없는 큰 그림책에서 시작하여 자동차 백과사전, 자동차 동호회 잡지며 국내에서 사기 힘든 희귀 외국 잡지까지 이어지게 되었습니다.

여전히 띄엄띄엄 읽었지만 글문이 트이고, 어른들의 잠자리 간섭을 부담스러워하는 나이가 되자 엄마, 이모, 아빠의 오디오북 시간은 막을 내렸습니다. 아이의 홀로서기가 시작되었고, 그렇게 중학교, 고등학교를 두드러지지도 뒤처지지도 않는 고만고만한 수준으로 다니게 되었습니다.

그러다 '독서상'이라는 낯설고 신기한 종이가 책상 위에 있었습니다. 막내 응석받이다 보니 학교에서 상을 받아온다든지 하는 것은 기대조차 하지 않았는데 말입니다. 온 식구들이 놀라는 모습이었습니다.

　베갯머리 오디오북이 중단되면서부터 교과서나 선생님의 강요에 의한 필독서 외에 제 손으로 책을 골라 읽는 모습은 보기 힘들었던 아이가 어떻게, 도대체 무슨 책에 대한 글을 썼기에 상까지 받았을까요?

　여행 좋아하는 엄마가 베갯머리에서 무한 반복하여 읽어 주던 『시애틀의 우체부』라는 책을 고등학생이 되어 다시 읽게 되었고, 초등학교 3학년 때 가족과 함께 한 시애틀 여행의 경험을 담아 독후감을 썼는데 상을 받게 된 것이죠.

　대학생이 된 지금도 아이는 자신이 관심을 가졌던, 그래서 결국은 대학 진학까지 이어진 자동차 관련 공학 서적이나 잡지 이외에는 독서를 하는 법이 없습니다. 하지만 코로나로 인해 비대면 강의가 이어지는 와중에 자동차 동아리에서 대회용 전기차를 만드느라 자취생활 하고부터는 얼굴 보기가 힘들답니다.

　돌이켜 생각해보면 참으로 아찔합니다. 초등학교 입학 때, 책을 읽지 않는 아이를 탓하고 책읽기를 강요만 했다면 어떻게 됐을까요? 저토록 좋아하고, 이제는 학문으로 접하게 되고, 장차 아이의 밥벌이가 되어 줄 자동차에 대한 흥미와 관심, 지식이 지금처럼 피어날 수 있었을까 생각해봅니다.

　저는 책 읽기를 밥 먹는 습관에 종종 비유하곤 합니다. 처음부터 좋은 음식을 먹기를 바라는 욕심에 기름진 육류만 고집한다면 소화불량에 걸리듯이, 책도 이유식이라 할 수 있는 재미나고 흥미로운 그림이 가득 찬 그림부터 시작하여 조금씩 글밥을 늘려 나가야 한다는 것이죠.

또 어렸을 적 할머니들은 잘 씹어 삼키지 못하는 손주에게 본인의 입에 넣어 꼭꼭 씹어 만든 죽을 아이의 입에 넣어 주시기도 하셨지요. 그런 마음으로 어른들이 기꺼이 오디오북이 되어주신다면 좋겠습니다. 아이가 스스로 씹어 삼키고 소화시킬 수 있을 때까지, 또 제 몸에 맞는 음식을 찾아 챙길 수 있을 때까지 말입니다.

오롯이 제 개인적 경험에 의한 노하우이긴 하지만, 잘 씹어 삼키기 어려운 아이들에게 책 읽기는 이렇게 시작되어야 한다고 조심스레 적어보았습니다. 195쪽 워크북을 통해 책 읽어주기 비결을 살짝 전하겠습니다. 바쁘고 힘겨운 일상 속에서도 기꺼이 아이를 위한 오디오북이 되어 주시는 우리 부모님을 진심으로 응원합니다.

7장

삶을
키우는
초등 교과
틈새 비법

한글 습득하기, 초기 수학, 과학, 예체능, 암기 교과까지

초등학생에게 부모님은 정말 수퍼맨입니다.

집필진 각자 좋아하며, 지도 경험이 풍부한 과목마다
핵심 조언을 담았습니다.

어떤 과목이든 지도하시기 전에 한번 살펴주세요.

아주 특별한 우리 아이만의 단 한 사람이 되실 겁니다.

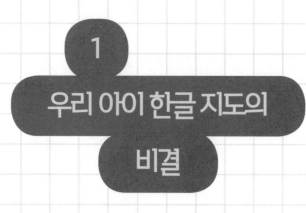

1

우리 아이 한글 지도의

비결

우리 아이 한글을 제대로 지도해봅니다.

습득이 느린지도 살펴보세요.

너무 느리다면 선생님과 상의해보세요.

Q 아이가 초등학교 1학년인데 많이 느린 것 같아요. 국어도, 수학도 모두 기초가 부족한 느낌이라서 어떻게 가르치면 좋을지 걱정입니다.

A 우선 국어를 지도하는 게 좋습니다. 국어는 다른 교과를 학습하는 데 도구로 쓰이는 교과입니다. 초등학교에 입학하였는데 한글을 못 깨우쳤다면 더욱더 지도가 필요합니다. 적절한 방법으로 읽기부터 지도해보세요.

"그냥 읽던데요?"

선생님들께 자녀의 한글 교육을 어떻게 하셨는지 여쭤보았습니다. 별다른 지도 없이 시간이 지나니 한글을 배웠다는 선생님들이 계셨습니다. 사실 아이들은 자연스럽게 적절한 언어 자극만으로도 한글을 익힐 수 있습니다.

미국 언어학자 놈 촘스키(Noam Chomsky)는 인간의 뇌 속에는 언어 습득 장치(LAD)가 있어서 자랄 때 많이 듣고 보는 언어를 어느 순간 읽을 수 있고, 말할 수 있고, 쓸 수 있게 도와준다고 주장합니다.

그 느낌이 1단계에서 100단계까지 조금씩 향상되는 모습보다는 계단식으로 훅훅 발전해가는 모습입니다. 오늘도 어제와 똑같은 수준처럼 보이는 날들이 쭉 이어지다가, 어느 순간 훌쩍 트이는 모양으로 언어를 습득하게 되는 것이지요.

다만 조금 느린 아이들은 다릅니다. 더 많은 자극을 주어야 언어를 배울 수 있습니다. 이런 아이에게는 과제를 나누는 것이 중요합니다. 국어를 가르친다고 생각하기보다 기본적인 읽기만큼이라도 제대로 가르친다고 생각하는 것이 무엇보다 중요합니다.

한글을 못 깨우친 것이 환경적인 이유라면 꼭 초등학교 1학년, 늦어도 2학년 때는 적절한 개입이 필요합니다. 언어 능력은 마태 효과*가 아주 큽니다. 1학년 때 또래보다 학습 결손이 생기면, 자랄수록 학습 격차가 더 커진다는 연구 결과가 있습니다.

키워드 사전 _____

마태 효과 「신약성경」 중의 「마태복음」 25장 29절에 나오는 "무릇 있는 자는 받아 넉넉하게 되되, 없는 자는 그 있는 것도 빼앗기리라."라는 문장에서 유래된 용어입니다. 부유한 사람은 점점 더 부유해지고, 가난한 사람은 점점 더 가난해져서 둘 사이의 격차가 갈수록 커지는 것을 가리키는 말입니다. 흔히 쓰는 말로 '빈익빈(貧益貧) 부익부(富益富)'와 같은 뜻이며, 경제학적으로는 자본의 확대 재생산을 뜻하지요 사실, 학습 격차의 원인이 환경적인 것일 때는 적절하게 도움만 주면 아무리 늦어도 2학년이 지나기 전에 한글을 깨우칠 확률이 큽니다. 하지만 적절한 방법으로 한글 지도를 꾸준히 하였음에도 한글을 깨우치지 못한다면 두 가지를 꼭 확인해보셔야 합니다.

먼저 인지 기능상의 문제입니다. 아이큐(IQ)로 알려진 지적 능력은 작업 기억, 처리 속도, 이해력 등이 합쳐진 개념입니다. 그 여러 인지 기능 중 한 영역이, 아니면 종합적으로 기준 미달일 수 있습니다.

인지 기능이 정상임에도 언어를 습득하지 못하면, 난독증 등 언어에 대한 학습 장애일 수도 있습니다. 사실 난독증은 널리 알려진 것에 비해, 드물고 희귀한 경우입니다. 한글이 조금 느리다고 난독이라고 함부로 말해서는 안 됩니다.

초등학교 2학년이 되었음에도 한글을 못 깨우쳤다면 담임 선생님과 진지하게 상담을 해보는 것이 좋습니다. 자리 이탈 등 학교 부적응이 같이 있지는 않은지, 또래 관계에서 어려움이 있지는 않은지 솔직한 대화를 나눠보면 좋습니다.

필요하다면 전문적인 검사를 꼭 받아보세요. 학습종합클리닉센터를 두드리셔도 좋고, 의사 선생님께 진단을 받으셔도 좋습니다. 하루빨리 개입하는 것이 좋고, 부모님 한 분이 도와주는 것보다 여러 명의 어른이 함께 아이 성장을 돕는 것이 당연히 좋습니다.

부모님께 해드리고 싶은 말은 단 하나입니다. 절대 누군가의 잘못이 아닙니다. 아이 단 한 명만 바라봐주세요. 한 번만 용기를 내면 우리 아이는 더 좋은 학교생활을 하고 더 좋은 삶을 살 수 있습니다. 그 아이만의 강점이 분명 있을 겁니다. 어릴 때부터 강점인 그 분야를 살릴 시간을 더 많이 만들어주세요. 아이의 삶이 행복했으면 좋겠습니다.

인상적인 외국 사례를 하나 소개하겠습니다. 이 아이는 자폐 스펙트럼 장애*가 있습니다. 자기만의 세계, 공간이 뚜렷하게 있습니다. 또 틱 장애* 가 있습니다. 손에 쥐어지는 건 무엇이든 뜯는 행동이 무의식적으로 일어납니다. 지적 장애도 있습니다. 전반적인 인지 기능이 또래에 비해 많이 떨어집니다. 기억력도 좋지 않고, 이해력이 떨어지며 일을 수행하는 속도도 느립니다. 그런데 큰돈을 버는 직업을 얻을 수 있었습니다. 이런 일이 어떻게 가능하였을까요?

이 사람의 직업은 바로 군사보안 기업의 암호 문서 파쇄 담당자였습니다.

키워드 사전 _____

자폐 스펙트럼 장애 사회적인 상호작용과 의사소통에서 어려움을 겪고, 초기 아동기부터 행동 패턴, 관심사, 활동 범위가 한정되어 있으며, 반복적인 특징을 보이는 신경 발달 장애 중 하나입니다.
틱 장애 아동이 자신의 생각이나 의도와는 상관없이 신체 일부분을 빠르게 움직이는 이상 행동을 보이거나 이상한 소리를 내는 것입니다.

어떤 공간 안에 암호 문서가 잔뜩 있으면 하루 종일 그 문서를 조각 조각냅니다. 자기만의 공간에서 하나도 지루하지 않게 그 행동을 반복하지요. 더욱이, 보안상 중요한 내용을 기억하지도 않습니다. 기업 입장에서는 세상 어디에서도 구할 수 없는 인재라 할 수 있지요.

너무 꿈만 같은 이야기입니다. 저는 이 이야기를 되새길 때마다, 함부로 단점이라고 판단해서는 안 된다는 것을 느낍니다. 장애라 불리는 그 단점들이 모두 강점이 되어 정말 단 한 명뿐인 귀한 사람이 될 수 있기 때문입니다.

한글이 느리고, 선천적인 장애가 있다고 해서 그 아이의 인생이 거기까지인 건 아닙니다. 진심으로 행복으로 인생을 누릴 수 있게 도와주세요. 우리가 답답하다고 느끼는 것에 비해 아이는 오히려 행복할 수 있습니다. 삶은 단순하게 살아도 감사히 누릴 것이 많으니까요.

우리 아이 한글 지도하기

한글 지도 원리는 간단합니다. 읽고, 쓰고, 듣기, 말하기를 적절한 분량으로 하도록 지도합니다.

책 읽기

• 시중에 있는 대부분의 그림책은 부모님이 읽어줄 거라 가정하고 만든 책이 많습니다. 따라서 아이 수준에 맞게 설계된 그림책을 찾아보는 것이 좋습니다. 유치원 수준부터 초등학교 3학년 수준까지 수준별로 나뉜 그림책이 있습니다. 이때 중요한 것은 아이가 직접 읽게 해야 한다는 점입니다. 읽어주기는 듣기만 시키는 것과 같습니다.

• 받침 없는 글자 그림책 시리즈도 좋습니다.

단어 배우기

• 예전에는 'ㄱ, ㄴ, ㄷ', 'ㅏ, ㅑ, ㅓ' 등 자음과 모음부터 가르칠 때가 많았습니다. 하지만 단어 단위로 가르치는 것이 좋습니다. 특히 받침이 없는 단어인 민글자부터 시작해서 익숙한 단어, 주제가 있는 단어를 익히게 하면 좋습니다.

• 자음과 모음은 '가'를 '그아'로 읽고, '궁'을 '그우웅'으로 읽는 등 한 단어 안에서 지도하는 것이 좋습니다. 예를 들어, '수박'을 지도한 후 '스우, 브아악'을 말하게 해서 'ㅅ'과 'ㅜ'가 사실은 떨어질 수 있고, 각각 다른 곳에서도 쓰일 수 있는 것임을 알려주는 것이 좋습니다.

문장 쓰기

• 문장이 1~2학년 수준이면, 한 문장 정도 구성해보는 것이 좋습니다.
• "어떤 문장을 만들래?", "쓰고 싶은 문장이 뭐야?" 이런 식으로 아이 주변에 있는 것을 주제로 쓰고 싶은 문장을 물어보는 것이 좋습니다.
• 한 문장을 스케치북, 종이 등에 쓰게 하고 오려서 쓴 문장을 뒤섞은 뒤, 다시 맞춰보는 재구성 연습을 하면 좋습니다.

· 한 번 배울 때 한 문장씩 모아두었다가 여러 문장이 쌓이면 다시 재구성 연습을 해보실 것을 권합니다.

적은 시간이라도 매일 지도하는 것이 중요합니다. 1주일 1번 100분 지도보다, 1주일 5번 각 10분씩, 총 50분 지도하는 것이 훨씬 효과적입니다. 또 이런 경우에는 담임 선생님께도 할 수 있는 만큼만 도와달라고 요청할 수 있습니다. 학교와 집 양쪽에서 학습한다면 큰 효과를 거둘 수 있을 것입니다.

2

초등 2학년에 만나는
인생 수학

수학도 언어입니다.

맥락 없는 암기와 계산에 앞서

세상과 만나고 이해하는 도구로 접했으면 합니다.

> **Q** 아이가 초등 3학년인데, 간단한 사칙연산은 하지만 복잡한 연산은 하려고 하지 않고 실수도 많아요.
>
> **A** 어쩌면 실수가 아니라 수학이 아이의 삶 속에 녹아들지 않아 아직 낯설기 때문인지도 모릅니다. 수학은 약속된 기호와 셈으로 이루어진 하나의 언어이며, 언어는 삶 속에서의 경험을 통해 비로소 생명력을 얻기 때문입니다.

"수학? 포기했어요."

매년 국제 수학 성취도 평가에서 상위 수준을 차지하는 것과는 달리 우리나라 초등 4학년의 40%와 중학교 2학년의 60%가 수학 과목을 '좋아하지 않는다'고 응답했습니다.※ 또, 국제 평균에 비해 수학을 싫어하는 인원이 2배 수준이었다고 합니다.

무수히 많은 수학자와 수학 교사의 노력에도 불구하고 수포자들의 문제가 뉴스까지 나오게 되는 현실은 왜일까요? '어떻게 하면 수학을 좋아하고, 잘할 수 있을까'에 대한 해답을 찾기 전, 먼저 아이의 수학 첫 만남을 되짚어 보고자 합니다.

"몇 살이야?" 하고 어른들이 물어보면 손가락을 펴 보이며 혀 짧은 소리로 '떼(세) 살'이라고 앙증맞게 대답하는 아이. 어쩌면 태어나서 처음일 수도 있는 자연스러운 수학과의 만남일 겁니다.

아이는 부모님이 시키는 대로 '세 살'이라는 말과 손가락 세 개의 대응관계를 무수히 반복하면서 '세 살 = 손가락 세 개'라는 양적 개념을 무의식적으로 익히게 되겠지요. 그러다가 단맛에 대한 본능적 이끌림을 느끼면서 '사탕 세 개 = 손가락 세 개 = 세 살'에서 '세 개 = 3'이라는 숫자의 값을 익히게 될 것입니다.

하지만 어느 순간 어른들은 아이가 수를 몇 단위까지 댈 수 있는지, 연산은 얼마나 잘하는지를 시험하게 됩니다. 결과에 대해 칭찬을 하거나 더러는 '수학을 못하면 좋은 대학에 못 가고 훌륭한 사람이 못 된다'며 아이

※ 《수학·과학 성취도 추이 변화 국제 비교 연구》 국제 교육성취도 평가협회, 2019.

의 미래까지 점치기도 합니다.

이에 어떤 아이는 칭찬에 호응하여 더 열심히 수를 외고 연산을 하지만, 반대로 어떤 아이는 낙담하여 수학에 흥미와 자신감을 잃고 멈추거나 포기하게 되는 것입니다.

특히 2학년 때 수학을 어떻게 만났는지가 중요합니다. 2학년 교육과정을 살펴보면 '인생 수학'이라 말할 정도로 삶의 도구가 될 수학 개념을 모두 만나게 됩니다.

우선 '네 자리 수'를 만납니다. 요즘 아이들의 용돈 단위가 천원임을 고려하면 필수적이고 기본적인 개념입니다. 또, 길이의 국제 표준 단위인 'cm와 m'의 개념을 배웁니다. 초등 2학년 아이의 눈높이로 보면 마치 외계어처럼 낯설지도 모릅니다. '시각과 시간'의 오묘한 차이를 깨닫고 표현해야 하며, 마지막으로 사실을 명료하게 전달하는 의사소통 방법인 '표와 그래프'도 만나게 됩니다.

이 중요한 개념들과의 첫 만남이 아이들 삶 속에 잘 스며들었으면 좋겠습니다. 구구단 외우기와 수 연산을 하다가 수학은 어렵기만 한 것으로 기억되지 않았으면 좋겠습니다.

이제 수학을 달리 보아야 합니다. 수학은 아이의 삶 속에 녹아들어야 할 언어이며, 경험을 통해서야 생명력을 얻습니다. 우리 아이가 첫 만남이 달달한 인생 수학을 즐길 수 있게 '수학 달리 보기' 활동을 권합니다.

사칙연산을 제끼면 수학이 땡긴다

"사칙연산만 하면 먹고사는 데 지장 없는데 미적분은 왜 해?"라고들 하죠. 이는 '한국말 할 줄 아니까 국어 수업은 안 들어도 된다'는 논리와 같습니다.

수학 교육의 목표는 계산이 아닙니다. 단순 계산, 공식 같은 건 도구 용도에 지나지 않으며, 요즘에는 계산기나 컴퓨터 기능으로 대신할 수 있습니다.

초등학교 수학이 연산에 많은 에너지를 쏟는 이유는 '추론', '이해', '문제 해결력'이 아이들 수준에 맞지 않는 고등 정신 과정이라는 편견과, '연산은 기본'이라는 통념이 짙게 깔려 있기 때문입니다.

'사칙연산 만능 논리'를 전면에 내세우다 보면 학년을 거듭할수록 수학 교육의 목표라 할 수 있는 '추론', '이해', '문제 해결력'에 무감각해져 결국 수학 포기자가 되기 일쑤입니다.

예를 들어 초등 2학년 과정인 구구단을 못 외운다고 구구단 외기만을 반복하게 한다면 아이는 지치고, 결국 수학은 끔찍한 경험이 될 것입니다.

생활 속에서 묶어 세기를 반복하는 상황을 자주 접하게 하고, 문제를 풀 때 구구단표를 두고 필요한 곱셈을 찾아 문제 해결에 구구단을 이용하도록 하는 것도 방법입니다. 또 필요한 경우에는 계산기를 사용할 수도 있겠지요.

우리 아이에게 사칙연산보다 더 재미있는 수학의 세계를 지금이라도 열어주세요.

사칙연산을 넘어 문제 해결력을 기르는 수학

이제 사칙연산을 넘어 수학을 왜 하는지를 알고, 사고력을 키울 수 있는 문제 풀이를 통해 아이의 삶의 문제를 해결하는 살아있는 수학을 해야겠습니다. 수학에서 계산이 갖는 위치는 그저 도구에 불과합니다.

아래의 두 문제가 주는 차이를 아이 입장에서 생각해보면 그 해답이 보일 것입니다.

문제 1 '2 × 6 = ☐' ☐에 들어갈 수는 얼마입니까?

문제 2 내가 좋아하는 동물의 크기를 비교해 봅시다.

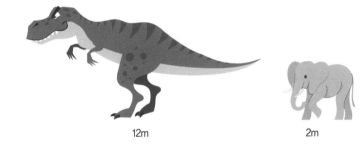

12m   2m

① 타르보사우루스의 몸길이는 (12) 미터,

　아시아코끼리의 몸길이는 (2)미터입니다.

② 누가 더 큰가요?　타르보사우루스 – 12　(>)　2

③ 타르보사우루스는 아시아코끼리의 몇 배일까요? (6) 배

　어떻게 비교했나요?

　예시 1 2cm 코끼리와 12cm 타르보사우루스를 직접 그린 다음 오려서 비교

　예시 2 2cm 자를 만들어서 비교

④ 구구단표에서 알맞은 곱셈을 찾아볼까요? (2 × 6 = 12)

교육과정 속에서 찾아보는 수학의 세계

영역	내용	비고
수와 연산	자연수, 분수, 소수의 개념과 사칙계산	'확률과 통계' ↓ '자료와 가능성'으로 명칭 변경
도형	평면도형과 입체도형의 개념, 구성 요소, 성질과 공간 감각	
측정	길이, 시간, 들이, 무게, 각도, 넓이, 부피의 측정과 어림	
규칙성	규칙 찾기, 비, 비례식	
자료와 가능성	자료의 수집 · 분류 · 정리 · 해석과 사건이 일어날 가능성	

수학 교과 핵심역량 6가지

핵심역량	내용
문제 해결	수학의 지식과 기능을 활용하여 문제 해결 방법을 모색하고, 해결방안을 선택하여 주어진 문제를 해결하는 능력
추론	수학적 사실을 추측하고 논리적으로 분석하고 정당화하여 그 과정을 반성하는 능력
창의 · 융합	수학의 지식과 기능을 토대로 새롭고 의미있는 아이디어를 다양하게 산출해내고 여러 관점에서 문제를 바라보고 해석하며 수학을 수학의 내적 · 외적 상황과 연결시키고 활용하는 능력
의사소통	수학 지식이나 아이디어, 수학적 활동의 결과, 문제 해결 과정 등을 말이나 그림, 글, 기호로 표현하고 다른 사람의 아이디어를 이해하며 함께 협력하는 능력
정보처리	다양한 자료와 정보를 수집 · 분석 · 활용하고 적절한 공학적 도구나 교구를 선택 · 이용하여 자료와 정보를 효과적으로 처리하는 능력
태도 · 실천	수학의 가치를 인식하고 자주적 수학 학습 태도와 민주 시민의식을 갖추어 실천하는 능력

출처: 2015 개정교육과정, 교육부.

수학익힘책 200% 활용 천기누설

학교 현장에서는 정규 수업 시간에 개념 진도만 빼기에도 시간이 부족합니다. 교과서에는 예제나 예시 문항 몇 개만으로 설명하는 경우가 대부분이죠. 그래서 아이들이 문제 해결 과정을 체험해 볼 기회를 충분히 확보할 수 없습니다. 아이들 입장에서는 개념을 익히는 과정과 문제를 직접 풀어보는 과정이 필요합니다.

문제 해결력 관련 문항을 기초부터 천천히 높이도록 도와줄 수 있도록 정밀하게 설계되어 있는 수학익힘책은 어떤 문제집보다 좋은 교재가 될 것입니다. 짧은 자투리 시간도 상관없습니다. 가정에서 보내는 시간, 학교 아침 활동 시간, 점심 휴식시간, 방과 후 시간도 괜찮죠. 수학익힘책 활용 신공을 아이에게 가르쳐주세요.

수학익힘책 활용 신공

1. 건너뛰기 신공

모든 문제를 다 풀 필요는 없습니다. 지칠 수 있으니까요. 익힘책은 단원별로 '개념 확인–기본–심화'로 구성되어 각각의 문제를 한 가지씩 풀거나, 수준에 맞게 단계를 줄이거나 건너뛰어도 괜찮습니다.

2. 포스트잇 신공

모르는 부분을 표시해놓고 다시 교과서 찾기를 반복하며 몰랐던 개념을 알아가는 과정을 거쳐야 자기주도학습이 가능합니다. 특별히 도전적인 문제나 반복해서 틀리는 문제는 포스트잇에 실수 내용과 풀이 과정을 적어 붙여두는 게 좋습니다. 익숙해지면 풀이 노트에 개념도 정리하고, 식을 직접 쓰고 정리하면서 푸는 것도 권해 봅니다.

3. 읽기 신공

수학익힘책에는 다양한 문제만 있는 것이 아니라 수학 원리 만화, 수학자 이야기, 실생활에 관련된 흥미 있는 이야깃거리와 활동, 토의 과제 등이 숨어 있습니다. 놓치지 말고 수학의 다양성과 재미를 꼭 챙겨 봅시다.

4. 스스로 매기기 신공

바쁜 부모님, 선생님께 채점을 맡기기보다 뒷면의 정답지를 활용하여 스스로 매기면서 자신이 아는 것과 모르는 것, 실수 과정을 찾아 고쳐나가는 습관을 기르도록 합시다. 이때 점수를 강조하기 보다는 틀려서 다시 풀더라도 결국에는 완전히 이해하고 넘어갈 수 있게 다시 도전할 수 있는 힘을 키워주세요.

3

꼬마 과학자를
길러주는 탐구 수업

과학은 질문과 호기심 그 자체입니다.

우리 아이가 한국을 대표하는 과학자일 수 있습니다.

과학적 소양을 잘 계발하면 좋겠습니다.

Q 아이가 초등 3학년이 되더니 과학이라는 과목이 생겼습니다. 아이는 과학을 배우고 나서 집에서도 이것저것 실험이라면서 엉망으로 만들고 있습니다. 공부일까 싶어 그냥 하지 말라고 말하기도 조심스럽습니다. 혹시 어떻게 지도해야 할까요?

A 과학은 질문과 호기심 그 자체입니다. 질문과 호기심이 왕성한 아이라면 정말 자라서 우리나라 대표 과학자가 될 수도 있습니다. 온전하게 과학 그 자체를 즐길 수 있게 과학이 무엇인지, 어떻게 지도하면 좋을지 천천히 소개해 드리겠습니다. 우리 아이가 과학적 소양과 소질을 잘 계발할 수 있기를 바랍니다.

과학은 자연 현상에 대한 탐구를 기본으로 하는 학문입니다. 2015 과학과 교육과정 첫 문장을 살펴보면, '과학'은 모든 학생이 과학의 개념을 이해하고 과학적 탐구 능력과 태도를 함양하여 개인과 사회의 문제를 과학적이고 창의적으로 해결할 수 있는 과학적 소양을 기르기 위한 교과*라고 소개하고 있습니다.

위의 내용을 토대로 아이들이 과학을 잘하기 위해서는 다음 네 가지를 염두에 두어야만 합니다.

❶ 과학의 개념을 이해한다.

❷ 과학적 탐구 능력을 기른다.

❸ 과학적 태도를 함양한다.

❹ 개인과 사회의 문제를 과학적이고 창의적으로 해결한다.

과학을 잘하기 위한 네 가지 방법을 하나씩 알아보도록 하겠습니다.

첫째, 과학적 개념의 습득입니다.

과학도 이해와 암기 과목입니다. 3학년에 처음 나오는 자석을 예로 설명하겠습니다. 자석과 관련된 개념은 너무 많습니다.

자석과 관련된 개념

자석은 철로 된 물체를 끌어당긴다. 자석의 극은 2개이다. 자석의 극 부분에 가장 많은 클립이 붙는다. 자석을 물에 띄웠을 때 항상 북쪽과 남쪽을 가리킨다. 자석 두 개의 극 중에서 북쪽을 가리키는 극을 N극이라고 하고, 남쪽을 가리키는 극을 S극이라고 한다. 나침반의 바늘도 작은 자석이다. 자석을 이용하여 우리 생활에 도움을 줄 수 있는 물건을 많이 만들 수 있다. 등등.

※ 과학과 교육과정. 교육부 고시 제2015-74호[별책 9].

개인적으로 탐구를 통해서 알게 된 개념을 외우고 머릿속에 정리하는 것이 아주 중요하다고 생각합니다. 동물의 한살이에서 배추흰나비의 모습에 대해 배우고 난 뒤에 나비를 그리라고 하면 늘 그리는 대로 예쁘게 그립니다. 과학 그림이라면 머리-가슴-배, 다리 세 쌍, 날개 두 쌍, 더듬이, 입 등을 관찰하고 배운 대로 바르게 그리는 게 맞습니다.

저는 한 단원이 끝나면 '과학 시 쓰기'를 하는데, 배운 과학적 개념을 바탕으로 시를 쓰고 시화(그림)를 그립니다. 이 활동을 하다 보면 아이들이 개념을 잘 아는지 파악하는 데 큰 도움이 됩니다. 집에서도 배운 내용으로 무언가를 만드는 작업을 꼭 해보기를 권합니다.

둘째, 과학의 꽃인 탐구입니다.

탐구의 시작이 무엇인지 아시나요? 바로 질문과 호기심입니다. 알버트 아인슈타인은 이런 말을 남겼습니다.

"가장 중요한 것은 질문을 멈추지 않는 것이다. 호기심은 그 자체만으로도 존재의 이유를 갖고 있다. 매일 이러한 비밀의 실타래를 한 가닥씩 푸는 것만으로도 충분하다."

탐구는 재미있는 현상에 대한 답을 찾는 과정입니다. 물론 어린 아이들은 정답을 못 찾을 수도 있습니다.

그러나 어릴수록 과학을 재미있는 놀이로 여기는 경향이 있습니다. 놀이에는 '틀렸다!'가 없습니다. 무엇이든 있는 그대로 인정해 줄 수 있습니다.

오개념이 걱정될 수 있습니다. 개념에 따라 한번 생긴 오개념은 너무 확고하여, 과학적 개념으로 바꾸는 게 어려울 수도 있습니다. 이때 사용할 수 있는 방법이 인터넷 검색과 유튜브입니다. 특히 유튜브는 검증된 채널을 이용하여야 합니다. 가급적 개인이 운영하는 것보다 단체, 해당 전문 지식이 있는 곳에서 운영하는 것이 좋습니다. 아이들은 대개 유튜브의 내용을 진실로 믿기 때문입니다.

아이들이 탐구에서 배워야 할 것은 탐구를 할 수 있는 힘, 탐구 기능입니다. 관찰부터 시작해 분류, 의사소통, 측정, 예상, 추론, 변인 찾기, 변인 통제, 가설 설정 및 검증, 자료 해석, 자료 변환, 조작적 정의, 실험 수행, 모형 구성 등 다양합니다.

아이들의 발달 단계에 따라 주로 사용하는 탐구 기능이 다르긴 합니다. 그러나 이런 탐구 기능을 사용하기 위해서라도 호기심과 질문이 없으면 불가능합니다. 과학자이자 SF소설가인 아이작 아시모프(Isaac Asimov)는 과학에서 새로운 발견을 알리는 가장 신나는 표현은 '유레카(찾았다!)'가 아니라 '그거 재미있네!'라고 했습니다.

셋째, 과학적 태도의 함양입니다.

과학적 태도에는 흥미와 호기심, 끈기, 공동 탐구, 연구 윤리, 안전 사항, 협력 증거에 근거한 결과 해석 등이 있습니다. 저는 개인적으로 과학을 시작하는 아이들이 반드시 명심해야 할 태도가 '안전 사항, 연구 윤리−생명 존중, 인류애'라고 생각합니다. 이것은 교육과정에는 명시되어 있지 않지만, 과학을 사랑하는 교사로서 너무나 중요하다고 생각합니다.

먼저 안전 사항입니다. 아이스크림을 살 때 한 번씩 볼 수 있는 드라이 아이스, 절대로 손으로 만지면 안 됩니다. 드라이아이스를 물에 넣으면 흰 연기가 나서 너무 재미있어서 보입니다. 그때 절대 만지면 안 된다는 것을 실험을 시작하기 전에 가르쳐야 합니다. 꼭 장갑을 껴야 합니다. 이런 안전 교육이 없는 과학은 사상누각입니다. 정말 위험합니다.

다음으로 연구 윤리-생명 존중입니다. 과학은 자연을 대상으로 한 학문이기 때문에 생명을 다루는 경우도 있습니다. 생명에 대한 존중 없이는 과학에 한 발자국도 다가가서는 안 됩니다.

집에서 동물이나 식물을 많이 기릅니다. 저희 집에서도 장수풍뎅이를 기른 적이 있습니다. 기르기 전에 어떻게 기르는지에 대해서 상세히 공부하고 난 다음에 키웁니다. 어느 정도 관찰하고 나서 자연으로 돌려보내줍니다. 물론 자연으로 돌아가는 것이 그 동물에게 훨씬 좋을 때만 그렇게 합니다.

인류애에 대해서도 이야기하겠습니다. 요즘은 차에 타면 다들 안전벨트를 합니다. 모든 자동차에 있는 안전벨트를 발명하고 특허 등록을 한 사람(기업)은 부자가 되었을 겁니다. 다른 자동차 생산 기업은 특허 사용에 따른 비용을 지불해야 하므로 안전벨트를 차에 장착하지 않을 수도 있을 겁

니다.

그러나 지금 대부분의 차에 있는 삼점식 안전벨트를 세계 최초로 발명한 볼보사(社)는 특허 등록을 하지 않았습니다. 그 덕분에 오늘날 모든 차에 안전벨트를 장착할 수 있게 되었습니다. 발명과 혁신을 넘은 인류애의 흔적입니다.

넷째, 개인과 사회의 문제를 과학적이면서도 창의적으로 해결하는 방법입니다.

거창해 보이지만 사실 그렇지 않습니다. 아이의 눈에서 바라보면 세상은 정말 창의적이고 신기한 공간이기 때문입니다.

저희 아버지는 그저 평범한 분입니다. 아버지와 함께 여름에 계곡에 놀러갔습니다. 신나게 놀던 중 하필이면 샌들이 떨어져서 어정쩡하게 걸었습니다. 그때 아버지께서 검정봉지를 샌들 밑창에 엮어서 신발을 만들어 주셨는데, 저는 그때 아버지가 과학자라고 느껴졌습니다. 이런 작아 보이는 일도 과학적이고 창의적인 문제 해결입니다.

일상생활에서 창의성을 빛내 문제를 해결해야 할 상황은 많습니다. 우리 아이들도 눈에 띄는 기지로 과학적이고 창의적인 문제 해결을 충분히 할 수 있습니다. 그런 순간을 포착하여 충분히 격려하고 칭찬해주세요. 어쩌면 부모님 앞에 그 아이가 우리나라를 부강하게 만들어 줄 미래의 과학자일 수 있습니다.

끝으로 과학 교과를 잘하는 방법 한 가지를 알려드리겠습니다. 과학책을 보면 사진 자료와 함께 과학 실험이 잘 설명되어 있습니다. 과학에 더 많은 흥미를 가지고 있는 학생이라면 이것을 그림으로 한 번 나타내보길 권합니다. 과학 실험을 그림으로 그려보는 것은 그리 쉽지만은 않지만, 신경 써서 도전해 볼만한 과제입니다.

그리고 실험 관찰 정리를 잘해야 합니다. 실험 관찰은 과학책 흐름대로 실험 결과나 결론을 쓸 수 있게 되어 있습니다. 실험 관찰에 대한 답은 대부분 과학책이나 실험 활동을 통해 찾을 수 있습니다.

과학은 자칫하면 활동만 있고 결론이 없다는 인상을 줄 수 있습니다. 실험은 너무 재미있고 흥미롭지만, 정리하는 것은 귀찮고 어렵기 때문입니다. 하지만 과학은 정직한 과목입니다. 과학적인 개념이 바르게 정립되지 않으면 앞으로 나아가기가 어렵습니다. 실험 관찰을 잘 정리하는 것이 과학 성취도를 높이는 데 아주 중요합니다.

버섯 키우며 탐구하기

집에서 함께할 수 있는 간단한 탐구와 과학적 소양을 기르는 활동을 소개합니다.

① 버섯이 식물이 아닌 이유 알아보기
- 버섯은 균계로서 실 모양의 균사와 포자로 번식한다.
- 엽록체가 없어서 광합성을 하지 못한다.
- 생태계 내에서 분해자의 역할을 한다.

② 버섯 키우는 활동이 좋은 점
- 한 생명을 책임감 있게 키우는 과정을 통해 생명의 소중함을 깨우치면서 생명체와 교감할 수 있다.
- 창의력과 사고력 증진에 도움이 되고 관찰력이 좋아지는 효과도 있다.
- 과학 탐구 일지 쓰기, 시 쓰기, 일기 쓰기, 글쓰기, 그림 그리기, 버섯을 이용한 요리 만들기, 진로 교육 등 다양한 활동이 가능하다.

③ 버섯을 키울 때의 마음가짐
- 약 2~4주 정도 책임감을 가지고 키울 수 있게 버섯을 키우는 주체를 명확히 한다. 물을 주지 않으면 다른 사람이 대신 주는 것이 아니라 물을 줄 수 있도록 이야기 한다.
- 버섯을 키우는 방법을 확실히 알아본 후 숙지한다.
- 푸른곰팡이가 생기거나 버섯이 나지 않는 등 다양한 문제점이 발생할 수 있다. 그럴 때는 다양한 정보를 찾아볼 수 있도록 한다.

④ 버섯의 죽음
버섯이 죽을 수도 있다는 것을 가르쳐준다. 살아 있는 모든 생물은 주어진 시간이 다하면 다시 자연으로 되돌아갈 수밖에 없다. 그렇기 때문에 살아 있을 때 더 사랑해주고 아껴주어야 한다는 점을 알려준다.

⑤ 다 자란 버섯을 따서 요리해서 먹는 것을 싫어하는 아이를 위해
- 동화책 『강아지 똥』을 함께 읽는다.
- 버섯을 요리해서 먹는 것은 완전히 사라지는 것이 아니라 강아지똥이 민들레꽃에 들어가서 예쁜 꽃을 피운 것처럼 버섯도 우리 몸에 들어가서 우리를 튼튼하게 해주고 우리 몸을 구성한다는 것을 충분히 설명한다.

미래를 이끌 융합 인재, 예체능 학습하기

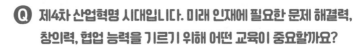

재미있는 예체능을 배워 보세요.

미래에는 많은 직업이 사라지고

새로운 직업이 생길 겁니다.

아이의 다양한 가능성을 열어두고 살펴야 합니다.

Q 제4차 산업혁명 시대입니다. 미래 인재에 필요한 문제 해결력, 창의력, 협업 능력을 기르기 위해 어떤 교육이 중요할까요?

A 사실 어떤 과목도 중요하지 않다 말할 수 없는 시대입니다. 특히 초등학교에서는 몸도 충분히 자라야 하는 아주 중요한 시기입니다. 몸과 마음이 균형 잡히게 성장할 수 있도록 도와주세요. 우리 아이를 위한 예체능 교육, 미래를 이끌 융합 인재의 시작입니다.

224

미래 사회를 살아갈 아이들에게 가장 중요한 교육은 무엇일까요? 인공지능(AI)이 흉내 낼 수 없는, 사람만이 할 수 있는 일을 해야 합니다. 아는 것으로 그치는 것이 아니라, 아는 것을 삶 속에서 실천할 수 있는 아이로 만들어야 합니다. 지식이나 기능 위주가 아닌, 인간이 지닌 모든 자질을 전면적으로 조화롭게 발달시켜 주어야 합니다.

이전까지는 교과 암기를 잘해 시험을 잘 치는 아이들이 인정을 받는 시대였습니다. 지금도 어느 정도는 그렇지만, 어쩌면 미래에는 바뀔지도 모르겠습니다. 해마다 놀라운 속도로 발전하는 인공지능이 있기 때문입니다.

사실 개인적으로 인공지능이 두렵습니다. 사람이라면 정말 오랜 시간을 교육받아야 알 수 있는 내용을 너무 쉽게 학습합니다. 딥러닝 기술과 머신이라는 특징 덕분에 지치는 것도 없이 무한 학습이 가능합니다.

아이들이 어른이 되는 세상에서 지금 있는 직업이 대부분 사라진다는 통계는 더 이상 놀라운 이야기가 아닙니다. 지금도 많은 직종이 사라지고 있습니다. 사라질 것으로 예상하는 직종도 아주 많습니다.

이런 현실에서 인공지능과 맞서 싸우는 아이가 성공할 수 있을까요? 사실은 인공지능을 넘어 인간만이 할 수 있는 부분을 더 교육해야 한다고 생각합니다. 어떤 부분이 인간만이 할 수 있는 부분일까요? 부모님들은 아이들에게 어떤 공부를 강조하고 있으신지요?

많은 사람은 자신이 그저 평범하다고 생각을 합니다. 그런 평범한 아이의 재능을 일깨워주는 누군가가 아이 주변의 어른이어야 합니다. 아이가 자기의 재능을 발견하고 키워가는 것은 어른의 안목만큼이라 생각합니다. 일정한 교과에 국한되기보다는 아이의 다양한 가능성을 열어두고 살펴보는 것이 필요합니다.

음악적 재능을 키워주기 위해서는 악기 하나쯤은 즐기게 해주세요. 서양 악기나 국악 악기 중 하나 정도 연주할 수 있다면 아이의 자신감은 더욱 높아질 것입니다. 피아노가 놓인 곳에 갔을 때 의자에 앉아 연주할 수 있는 아이, 하나의 악기를 능숙하게 연주할 수 있는 아이는 부러움의 대상입니다. 또한 자신의 감정을 잘 다스릴 줄 아는 사람으로 자랄 것입니다.

미술 분야의 그림, 서예, 공예 등을 배우면 어떤 도움이 될까요? 앞으로 인공지능과 코딩, 테크놀로지 기술과 연계하여 의미 있는 결과물과 진로를 만들어 낼 수 있다고 생각합니다. 표현도 더 잘할 것입니다. 생각을 글로 나타내기는 정말 어려운 작업인데, 떠오르는 것을 그대로 그림으로 나타낼 수 있으면 훨씬 쉽고 온전하게 아이디어를 전달할 수 있습니다.

삶에서 건강과 직결되는 체육은 초등학교 때 더욱 중요합니다. 모든 일과 공부는 체력이 바탕이 되어야 합니다. 체력을 바탕으로 도전할 기회를 얻게 되고 즐길 수 있는 운동이 있다면, 그것이 자신감 향상에 도움을 줄 것입니다. 쉬는 시간, 여가 시간이 있다면 고민 없이 즐길 수 있는 사람이 될 수 있습니다.

현재 좋은 직업으로 뽑히는 변호사, 회계사, CEO 등의 인기 있는 직업은 동시에 미래에는 사라질 직업으로 꼽힙니다. 대부분의 직업이 사라지고 새로 나타날 것입니다. 그때 세상에서는 어떤 능력이 '1순위'로 대우받을지 모르겠습니다. 다만 인공지능이 지금보다 더 많은 무대를 차지하고 있을 것이라는 사실 하나는 확실합니다.

앞으로의 사회에서는 다양한 경험을 통해 더 하나뿐이고, 세분화된 직업 자체를 스스로 만들어 낼 수 있는 창조자가 되어야 합니다. 단순히 하나의 영역을 잘하는 전문가보다는 모든 분야의 융합과 복합을 통해 생겨난 직업이 주목받게 될 것입니다.

이런 과정에서 우리가 여태까지 소홀히 대했던 예체능 교과는 아주 중요한 역할을 할 것이라 생각합니다. 그게 아니더라도 예체능은 재밌습니다. 흥미와 호기심만으로도 아이가 배우기에는 정말 충분한 이유입니다. 예체능을 생활화하여 아이가 자신감을 가질 수 있도록 많이 도와주세요.

가드너의 다중지능 이론 살펴보기

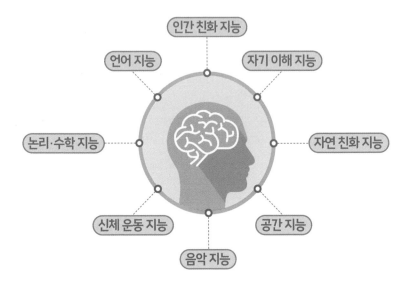

가드너는 다중지능 이론에서 인간의 지능을 일상적인 문제를 해결할 수 있는 능력이라 보고 있습니다. 그는 인간이 가지고 있는 인지 능력을 소질, 재능, 정신적 기능의 조합으로 판단합니다. 정상적인 사람이라면 누구나 어느 정도의 기능을 가지고 있으며, 사람에 따라 조합의 성질이 달라 능력들이 다르게 나타난다는 것입니다.

'IQ가 높다고 공부를 잘하는 것일까요?'
'공부를 잘하면 누구든 성공할 수 있는 것일까요?'

가드너의 다중지능 이론에 따르면, 공부가 전부는 아니고 아이에게는 다양한 재능이 있습니다.

예를 들면,

> 언어 지능 + 인간 친화 지능 = 정치인
> 자연 친화 지능 + 공간 지능 + 논리 · 수학 지능 = 건축가

이런 식으로 강점 지능을 조합하면 아이들의 특징을 살필 수 있다는 것입니다. 다중지능 이론과 관련하여 성공한 사람들이 공통적으로 보여주는 특징이 있습니다. 8가지 지능 중에 '자기 이해 지능'이 높았다는 것입니다. 자기 이해 지능이 뛰어난 사람은 다른 사람들의 눈보다는 자신의 기준에 따른 성취에 초점을 둡니다. 자기 이해 지능이 높은 아이로 키우려면 자신이 좋아하는 것을 스스로 찾게 만들어주세요. 그리고 그 목표를 향해 꾸준히 노력하는 아이로 만드는 습관을 길러주면 됩니다.

우리 아이의 강점 지능 TEST

아이의 강점 지능에 대해서 알아볼까요?

각각의 질문에 YES나 NO로 대답하고, 4개 항목이 확실히 YES라면 아이의 강점 지능으로 판단하면 됩니다.

언어 지능	논리 · 수학 지능
• 학교에서 있었던 일을 재미있게 말한다. • 또래와 말싸움을 하면 꼭 이기는 편이다. • 잠을 잘 때 부모에게 책을 많이 읽어달라고 한다. • 인형놀이 할 때 혼자서 여러 배역을 소화한다. • 자신의 생각이나 느낌을 다양한 어휘로 표현한다.	• 장기나 바둑 등 머리 쓰는 보드게임을 좋아한다. • 돈 계산이나 물건 개수를 셈하는 것이 빠르다. • 로봇, 우주 과학 체험전이나 과학관 나들이를 좋아한다. • 스무고개놀이, 수수께끼를 좋아한다. • 시간이나 날짜 개념이 명확하다.
인간 친화 지능	**자기 이해 지능**
• 놀이터에 가면 친구를 금세 사귄다. • 혼자서 노는 것보다 여럿이 함께 노는 것을 좋아한다. • 부모의 기분 변화에 민감하며 상황에 잘 대처한다. • 친구들이 물어보는 것을 친절하게 잘 가르쳐준다. • 친한 친구들이 너무 많다고 이야기한다.	• 자신의 성격이 어떤지 표현할 수 있다. • 자신이 스스로 정하거나 하고 싶은 일을 지키려고 애쓴다. • 자기소개를 재미있게 잘한다. • 동화책을 볼 때 주인공에 자신을 대입해 보는 일이 많다. • 못한 것보다 잘한 것을 더 강조한다.
공간 지능	**음악 지능**
• 가베나 블록놀이를 할 때 입체물을 잘 만든다. • 한 번 간 길은 잘 잊지 않는다. • 그림을 그릴 때 세세히 표현한다. • 물을 따를 때 눈대중으로 양을 잘 맞춘다. • 동서남북 방위에 관심이 많고 정확하게 안다.	• 다양한 악기 소리를 잘 구분해낸다. • 춤출 때 반주되는 곡의 리듬을 잘 탄다. • 음악의 분위기를 읽어낼 수 있다. • 기분이 좋으면 즉흥적으로 노래를 만들어 부른다. • 특별히 좋아하는 음악 장르가 있다.

신체 운동 지능	자연 친화 지능
• 다른 아이들보다 일찍 걷고 달렸다. • 가수나 개그맨의 몸동작을 보고 잘 따라 한다. • 종종 산만하다는 이야기를 듣는다. • 하루 종일 뛰어 놀아도 잘 지치지 않는다. • 자전거나 인라인스케이트를 빨리 배운다.	• 야외에 나가면 동물, 식물에 관심이 많다. • 산, 바다, 강에 가는 것을 좋아한다. • 환경 보호를 위한 활동을 가르쳐주면 즐거운 마음으로 잘 따라한다. • 별자리를 보고 천문대에 가는 것을 좋아한다. • 귀여운 동물이나 예쁜 꽃을 잘 그린다.

여러 지능이 독립적으로 작용하는 것보다 합쳐져서 만들어내는 시너지 효과가 훨씬 큽니다. 어떤 아이는 하나의 강점 지능이 두드러지게 발달할 수 있고, 또 다른 아이는 특별히 눈에 띄는 것은 없지만 8개 지능이 골고루 발달한 경우도 있습니다. 뛰어나다는 의미보다는 '다르다'는 것이고, 우리 아이만의 강점을 잘 찾아 길러주는 것이 무엇보다 중요하다는 사실을 잊지 않아야 합니다.

출처: EBS, 『아이의 사생활』

암기 교과 학습의 핵심

암기의 핵심은 이해입니다.

이해력을 높이는 게 더 잘 외우는 지름길입니다.

확실한 방법 두 가지로 천천히 이해력을 키워주세요.

Q 곧 초등학교를 졸업하고 중학교에 갑니다. 시험 공부도 양이 많고 어려울 텐데 집에서 도와줄 수 있는 방법이 있을까요?

A 암기의 핵심을 알려주세요. 100쪽의 시험 범위 중에서 외워야 할 내용은 1쪽일 수 있습니다. 이해한 부분은 굳이 외우지 않아도 되기 때문입니다. 그래서 외우기의 핵심은 오히려 이해입니다. 이해를 넓혀줄 활동을 함께하세요.

79582410730

위 숫자를 외워보세요. 앞에서 배운 학습 전략대로 소리 내 말하며 외우거나 빼곡하게 쓰는 방법도 있습니다. 암기 과목은 결국 이렇게 외우기를 위해 일정한 시간을 써야 합니다.

다만 분량이 다릅니다. 위 숫자를 '친구오빠이사일07월30일'로 이해한 학생이 있다면 어떻겠습니까? 그 학생은 숫자를 억지로 외우지 않아도 됩니다. 그럼 외울 분량이 줄어드는 것과 같습니다. 이렇게 머릿속에서 '아하!' 하며 깨달은 내용은 외우지 않고도 바로 쓸 수 있습니다.

그래서 암기 교과의 핵심은 '이해'입니다. 많은 부모님들의 걱정대로 중학교 가면 시험 분량이 많고 초등 때보다 학습에 대한 압박도 큽니다. 6학년 학생들이 겁을 먹곤 하는데, 그때마다 저는 분명하게 조언합니다.

외워야 할 것은 외워야 합니다. 다만 그 양이 이해한 정도에 따라 다릅니다. 수업 시간에 선생님 눈을 한 번 더 바라보고, 고개를 끄덕이면서 들어 달라고 요구합니다. 보통은 듣는 자세만 바뀌어도 더 많이 이해할 수 있기 때문입니다.

마찬가지로 이해를 넓혀줄 활동을 채워주세요. 가능한 다양한 체험을 권합니다. 몸으로 배운 기억은 절차 기억이라서, 보통의 의미 기억보다 더 오래 남습니다. 오랫동안 자전거를 타지 않아도 탈 수 있는 것은 몸으로 익혔기 때문입니다.

독서도 아주 좋습니다. 개인적으로는 초등학교 때 독서에 흥미만 있어도 성공이라고 생각합니다. 바로 뒤에서 소개하는 '밑줄 독서'부터 시작해보세요. 읽기 후 활동으로 아주 좋은 밑줄 독서는 독후감을 간단하고 재밌게 바꿔줍니다.

핵심은 머릿속 세계를 넓혀주는 것입니다. 결국 학습은 우리 뇌 속 시냅스끼리의 연결 그 자체입니다. 연결이 잘 되려면 이미 머릿속에 비슷한 내용이나 반대되는 내용 등 그 내용과 특정 관계가 있는 내용이 이미 들어 있어야 합니다.

독서도 체험도 다소 어렵다면 이 활동은 꼭 해보면 좋을 것 같습니다. 바로 어휘력을 늘려주는 활동입니다. 경기도교육청 김택수 선생님이 연구한 '단어공책'은 방법이 아주 간단하고 학력을 키우기에 딱 좋습니다.

영어 단어뿐만 아니라 우리말 단어도 생각보다 아이들이 모르는 것이 많습니다. 단어를 모르면 그 단어가 뜻하는 세상을 모르는 것과 같습니다.

뒤에서 최대한 자세하고 친절하게 소개해드리겠습니다. 단 하나라도 꼭 한 번 지도에 적용해보세요. 아이가 정말 하루가 다르게 달라질 겁니다. 사회, 역사, 국어 등 암기 과목이 두렵지 않습니다. 이미 알고 있는 내용이 많아 외우지 않아도 되니까요.

밑줄 독서 - 내 마음의 문장 정리 지도하기

1 함께 도서관에 가서 아이가 책을 고를 수 있게 도와줍니다.

- 만화책을 제외한 모든 책(줄글이 있는 책) 중 아이가 선택한 책이 좋습니다.
- 학습 만화는 고르면 사줄 수 있으나, 글을 읽는지 그림만 보고 넘기는지를 살필 필요가 있습니다. 그림만 보고 넘기면 만화책과 다름없습니다.

2 책 읽을 시간을 줍니다.

3 읽기 전, 읽기 중, 읽기 후 활동을 할 수 있습니다.

읽기 전 활동

- 그림을 보고 내용 예상하기
- 제목과 목차를 보고 스토리 예상하기 등

읽기 중 활동

- 마음에 드는 문장이 있으면 밑줄을 그어 가면서 읽습니다. 책은 조금 손때가 묻고 더러워져도 괜찮습니다. 그럴수록 마음이 빛날 수 있는 활동입니다.

읽기 후 활동

- 내 마음의 문장을 정리할 수 있는 밑줄 독서하기

4 글을 다 읽었다면 내 마음의 문장을 정리하도록 알려줍니다.

- 문장 첫째, 작가가 쓴 글 중 마음에 와 닿거나 공감되는 문장을 그대로 베껴 쓰기
- 문장 둘째, 간단한 종합 소감이나 책에 대해 종합적으로 평가하기
- 문장 셋째, 삶에서 할 수 있는 것을 찾기

5 첫째 문장만 누적해서 기록해도 우리 아이만의 훌륭한 '독서 기록집'이 됩니다.

- 001번 책부터, 100번 책까지 100권 읽기에 도전해보세요.
- 독서 기록집만 읽어도 그 책들을 두세 번 읽는 효과가 있습니다.
- 글을 쓸 때 인용할 수 있고, 영감을 주기도 합니다.
- 아이 입에서 책에 나올 법한 현명한 말들이 나오기도 합니다.

단어 공책 - 학습 단어 늘리기

① 공책 하나를 준비합니다.

② 001번부터 모르는 단어를 적습니다.

    001. 결의

③ '결의'가 무엇인지 내가 생각한 뜻을 적습니다.

    무언가 깊은 결심을 하는 것

④ '결의'의 사전적 의미를 적습니다. 사전은 포털사이트를 이용하면 편리합니다.

    뜻을 정하여 굳게 마음을 먹음. 또는 그런 마음

⑤ '결의'와 뜻이 비슷한 낱말, 뜻이 반대인 낱말, 음이 비슷한 낱말을 적습니다.
  생각나지 않으면 적지 않습니다.

    결심 등

⑥ 적은 단어가 있으면 단어끼리 연결 모습을 간단하게 그립니다.

    예시 · 비슷한 뜻의 단어 사이 '— 표시'

              · 반대 뜻의 단어 사이 '↔ 표시'

              · 비슷한 음을 가진 단어 '~ 표시'

⑦ 원하면 단어의 뜻을 간단한 그림으로 그려서 꾸며도 좋습니다.

⑧ 정리하면 아래와 같은 모습입니다.

보석이의 어휘력 공책	
001. 결의 – 결심 **1. 내가 생각한 뜻** 무언가 깊은 결심을 하는 것. **2. 사전적 의미** 뜻을 정하여 굳게 마음을 먹음. 또는 그런 마음.	**3. 꾸며주는 그림**

한 걸음씩 내딛는 너의 씩씩한 발걸음을 응원해!

글 정광봉

우리 아이들은 설레는 마음으로 입학을 합니다. 유치원에 다니다 처음 초등학교에 오니 조금은 어색합니다. 그러다가도 4월이 되면 친구들과 즐겁고 행복하게 생활하는 것이 일반적인 모습입니다.

하지만 한 해가 지나가는데도 아직 자기 마음대로 되지 않으면 울며 떼쓰는 아이가 있습니다. 친구들과 어울리기도 어렵고, 읽기와 쓰기 또한 마음대로 되지 않습니다. 오늘은 보석이의 삶 속 이야기를 소개하려 합니다.

다른 친구들과 마찬가지로 사진기를 가져다대면 손가락 두 개를 펴며, 해맑은 미소로 담임 선생님을 바라봅니다. 그런 해맑음도 잠시, 교실 뒤쪽에서 곧 울음소리가 들립니다. 교실 뒤편에서 친구들과 장난감을 가지고 놀던 보석이는 자신의 마음대로 되지 않아서 그만 울음을 터뜨렸습니다.

처음에는 '1학년이니깐 그렇겠지' 하고 넘겼는데, 시간이 지나도 늘 같은 모습이었습니다. 반복되는 일상에 걱정되기 시작하였고 그래서 조금 더 마음이 갔나 봅니다. 담임 선생님은 더 깊이 살펴봤습니다.

레이븐 지능 발달 검사 결과가 하위 5% 정도 수준으로 나왔습니다. 결국 인지적인 문제도 있었습니다. 학습적인 문제보다 더 심각한 것은 언어 표현이 잘되지 않으니 교우 관계를 힘들어하고 버거워한다는 것입니다.

어떤 도움을 줄 수 있을까 급하게 선생님들과 이야기를 나누었습니다. 감사하게도 모두들 보석이에게 조금 더 집중적으로 지원을 해주자는 의견이 모아졌습니다. 함께 다양한 방향을 모색하였습니다.

담임 선생님은 교실에서도 더 살펴주시고, 학력 튼튼교실을 이용해 개별 지도도 하였습니다. 교무부장님은 굿네이버스와 연계한 심리치료 및 상담 활동을 지원했습니다. 여름방학 때도 마음 튼튼캠프를 통하여 자존감을 높이는 프로그램을 만들었습니다.

2학기부터는 1:1 언어 치료도 지원하였습니다. 치료 센터에서도 언어구사력이 5세 정도의 수준이라고 말합니다. 그래도 한 걸음씩 겨울방학까지 1:1 맞춤형 학습 지도를 하였습니다.

1학년 한 해 동안 다양한 연계 사업으로 다면적 지원을 했지만, 눈에 띄는 성과는 보이지 않았습니다. 첫술에 배부를 수도 없는 일이기는 해도 변화가 없자 안타까운 마음이 들었습니다. 그래도 조금씩 긍정적인 요소가 나타나기 시작했습니다.

2학년이 되니 아이가 더 자랐습니다. 담임 선생님과 학습코치 선생님의 협조가 좋은 결과를 낳았습니다. 일주일에 한 번이지만 학습코치 선생님은 맞춤형 학습서비스를 지원합니다. 새로운 담임 선생님은 한글을 익힐 수 있게 꾸준히 시간을 내 지도합니다.

보석이는 한글을 익히게 되고 자기 이야기를 표현하기 시작합니다. 차츰 배운 것이 삶에서도 나타났습니다. 한글을 알게 되었다는 단순한 변화가 자신감을 주었습니다. 무언가 해냈다는 긍정적 에너지가 친구들과의 관계도 나아지게 하였습니다.

'포기하지 않는 한 길은 있다.'

문득 이 말이 떠올랐습니다. 우리가 만나는 누군가가 느릴 수는 있습니다. 다만 느린 걸음이라도 한 걸음씩 자신의 길을 걸어 나갈 수 있도록 꾸준히 지도해야겠다고 생각했습니다. 집에서도 필요하다면 우리 아이를 믿고 끝까지 함께 지도하는 것이 중요합니다.

아이들은 누구나 배움에 대한 호기심과 즐거움을 가지고 태어납니다. 그것을 잃지 않도록 도와주는 것은 우리 어른의 몫 같습니다. 그래서 부모님 그리고 선생님의 어깨가 조금은 무겁습니다.

지금 여기에서 할 수 있는 것만 생각합니다. 단순하게 바라보면 아이의 성장을 지원하는 것, 묵묵히 뒤에서 격려해주는 것, 함께 걸어주는 것이 우리의 할 일 같습니다. 오늘도 우리 아이의 씩씩한 발걸음을 함께 걸으면서 응원합니다.

오늘의 배움으로
내일의 꿈을 키우는
희망 징검다리

여기 보석이를 봅니다. 초등학교 2학년이 되었는데 아직 한글을 못 읽습니다. 선생님은 어느 정도 글을 써야만 하는 과제를 냅니다. 대부분 아이들은 그 과제를 재밌어 하니까요. 하지만 보석이는 잘 해낼 자신이 없어 시작하기도 전에 멈춰 버립니다. 너무 심심해서 친구들에게 툭툭, 장난을 칩니다.

사랑이도 있습니다. 공부를 왜 해야 하는지 모릅니다. 어른들이 공부하라고 말하는 게 잘 이해되지 않습니다. 학교를 마치고 학원을 가는 이유도, 그리고 꿈을 가지라는 말도 잘 와닿지 않습니다. 그리고 10시가 되어서야 집으로 돌아옵니다. 터벅터벅, 오늘도 조용히 걷습니다.

선물이는 조금 특별합니다. 노력을 안 해서 공부를 못하는 게 아닙니다. 분명 노력을 하는데도 조금 따라가기가 힘듭니다. 그래도 기다려주면 충분히 하려고 하고, 또 충분히 할 수 있는 힘이 있습니다. 그런데 친구들의 시선이 부담스럽습니다. 넌 왜 그렇게 느리게 해, 그렇게 말하는 것만 같습니다.

학습종합클리닉센터의 문을 두드리는 이유는 다양합니다. 학교에서는 누군가가 더 이 학생을 도와주었으면 좋겠다는 생각이 들어 센터에 의뢰합니다. 집에서는 아이가 더 잘 성장하였으면 하는 마음에서 센터를 찾습니다. 저희는 그 아이만을 위한 맞춤형 학습코칭 프로그램과 선생님을 보내드리는 교육청 소속의 센터입니다.

여러 시도교육청에서 기초학력 3단계 안전망을 구축합니다. 저희는 교실 안(제1안전망), 학교 안(제2안전망), 학교 밖(제3안전망) 중에서, '학교 밖'을 담당합니다. 우리 센터에서 일하시는 선생님들은 그만큼 절박할 수밖에 없습니다. 우리가 최후의 안전망이기 때문입니다.

막상 만나보면 참 예쁜 우리 아이입니다. 아직 열리지 않은 선물 상자처럼 무한한 가능성과 잠재력을 품고 있는 아이들입니다. 그래서 학습과 정서 능력을 키워주고 더 나은 삶을 살 수 있도록 시간과 정성을 쏟습니다.

그 과정에서 감사한 분들이 무척이나 많습니다. 직접 인연이 깃든 한 아이에게 정성과 사랑을 쏟으시는 선생님들, 세상에 봉사하는 마음으로 따뜻한 열정을 빛내는 선생님들, 저희와 잠깐이라도 연결된 모든 분이 감사합니다.

아주 바쁘신 와중에 불쑥 연락드려도 꼭 시간을 내주시는 교수님, 어떤 질문이라도 마르지 않는 지식의 바다처럼 적절한 조언을 해주시고 함께 고민해주시던 교육계 선배님들.

몸이 하나라고 믿기지 않을 만큼 두세 명의 몫을 한 몸으로 해주시는 센터 선생님들, 저희에게 의뢰하고자 부모님께 연락드리고 부모님과 한마음이 되어 센터를 공문으로 두드려주시는 현장에 계신 많은 선생님들.

저희가 걸어가는 길과 방향이 옳다고 말해주시고 항상 더 도와줄 게 없냐고 먼저 물어주시는 각 교육지원청 장학사님, 센터가 올바른 방향으로 갈 수 있게 먼저 틀을 세워주시고 체계를 잡아주신 모든 분들.

　짧게 스쳤던 모든 인연과 만남이 귀합니다. 센터는 항상 그 자리에서 오롯이 아이들을 위해 존재할 겁니다. 각각의 이유로 센터를 두드리는 아이들, 우리 소중한 보석이, 사랑이, 선물이. 그 아이들에게 저희는 누구보다 낮은 자리에서 다리가 되겠습니다.

　오늘의 배움으로 내일의 꿈을 키우는 희망 징검다리. 아이들이 가야 하는 그 어떤 길에도, 단 한 명의 아이라도 빠지지 않고 지나갈 수 있게, 저희 센터가 오늘도 기다리며 노력하겠습니다.

　끝으로 감사를 전하면서 이만 마치겠습니다. 이 책을 마지막 장까지 펼쳐주셔서 감사합니다. 이 책을 읽고 계신 모든 분들이 늘 건강하고 행복하셨으면 좋겠습니다.

우리 아이만을 위한 특별한 교육공동체
교사-부모-아이의 따뜻한 학습동행
초등 맞춤형 학습코칭

Foreign Copyright:
Joonwon Lee
Address: 3F, 127, Yanghwa-ro, Mapo-gu, Seoul, Republic of Korea
　　　　3rd Floor
Telephone: 82-2-3142-4151, 82-10-4624-6629
E-mail: jwlee@cyber.co.kr

교사·부모·아이가 함께하는 슬기로운 초등생활

초등 맞춤형 학습코칭

2021. 12. 1. 초 판 1쇄 인쇄
2021. 12. 6. 초 판 1쇄 발행

지은이 | 정광봉, 박호규, 차 현, 최문희
펴낸이 | 이종춘
펴낸곳 | [BM] ㈜도서출판 **성안당**
주소 | 04032 서울시 마포구 양화로 127 첨단빌딩 3층(출판기획 R&D 센터)
　　　 10881 경기도 파주시 문발로 112 파주 출판 문화도시(제작 및 물류)
전화 | 02) 3142-0036
　　　 031) 950-6300
팩스 | 031) 955-0510
등록 | 1973. 2. 1. 제406-2005-000046호
출판사 홈페이지 | **www.cyber.co.kr**
ISBN | 978-89-315-5787-9 (03590)
정가 | **14,800원**

이 책을 만든 사람들
책임 | 최옥현
진행 | 정지현
교정·교열 | 신현정
표지·본문 디자인 | 이플앤드
홍보 | 김계향, 이보람, 유미나, 서세원
국제부 | 이선민, 조혜란, 권수경
마케팅 | 구본철, 차정욱, 나진호, 이동후, 강호묵
마케팅 지원 | 장상범, 박지연
제작 | 김유석

▪ **도서 A/S 안내**

성안당에서 발행하는 모든 도서는 저자와 출판사, 그리고 독자가 함께 만들어 나갑니다.
좋은 책을 펴내기 위해 많은 노력을 기울이고 있습니다. 혹시라도 내용상의 오류나 오탈자 등이
발견되면 **"좋은 책은 나라의 보배"**로서 우리 모두가 함께 만들어 간다는 마음으로 연락주시기
바랍니다. 수정 보완하여 더 나은 책이 되도록 최선을 다하겠습니다.
성안당은 늘 독자 여러분들의 소중한 의견을 기다리고 있습니다. 좋은 의견을 보내주시는 분께는
성안당 쇼핑몰의 포인트(3,000포인트)를 적립해 드립니다.
잘못 만들어진 책이나 부록 등이 파손된 경우에는 교환해 드립니다.